"十四五"职业教育国家规划教材

CorelDRAW X8

案例教程

段 欣　王 蕾　主 编◎

王东军　朱海霞　副主编◎

电子工业出版社·

Publishing House of Electronics Industry

北京·BEIJING

内 容 简 介

本书根据教育部颁发的《中等职业学校专业教学标准（试行）信息技术（第一辑）》中的相关教学内容和要求编写。

本书采用案例、模块教学的方法，通过案例引领的方式分 8 个模块讲述了 CorelDRAW 的基本操作方法、常用工具的使用、图形的编辑与管理，以及交互式工具组、位图、文本和表格的处理等，并通过综合实例应用展示使用 CorelDRAW 进行平面设计的技巧。

本书是中等职业学校计算机动漫与游戏制作专业的核心课程，也可作为各类计算机动漫与游戏制作培训班的教材，还可供计算机动漫与游戏制作人员参考。

未经许可，不得以任何方式复制或抄袭本书之部分或全部内容。

版权所有，侵权必究。

图书在版编目（CIP）数据

CorelDRAW X8 案例教程 / 段欣，王蕾主编 . —北京：电子工业出版社，2019.11

ISBN 978-7-121-37674-0

Ⅰ．①C… Ⅱ．①段… ②王… Ⅲ．①图形软件—中等专业学校—教材 Ⅳ．①TP391.413

中国版本图书馆 CIP 数据核字（2019）第 246962 号

责任编辑：关雅莉   文字编辑：徐　萍
印　　刷：天津千鹤文化传播有限公司
装　　订：天津千鹤文化传播有限公司
出版发行：电子工业出版社
　　　　　北京市海淀区万寿路 173 信箱　邮编　100036
开　　本：787×1 092　1/16　印张：12.5　字数：320 千字
版　　次：2019 年 11 月第 1 版
印　　次：2024 年 1 月第 12 次印刷
定　　价：45.00 元

凡所购买电子工业出版社图书有缺损问题，请向购买书店调换。若书店售缺，请与本社发行部联系，联系及邮购电话：（010）88254888，88258888。

质量投诉请发邮件至 zlts@phei.com.cn，盗版侵权举报请发邮件至 dbqq@phei.com.cn。

本书咨询联系方式：（010）88254617，luomn@phei.com.cn。

本书根据教育部颁发的《中等职业学校专业教学标准（试行）信息技术（第一辑）》中的相关教学内容和要求编写。

CorelDRAW 作为世界一流的平面矢量绘图软件，被专业设计人员广泛使用，为平面设计提供了先进的手段和方便的工具，是计算机平面设计中常用的工具之一。CorelDRAW X8 是目前常用的版本。

本书用具有代表性的案例来讲解 CorelDRAW 的基本知识点及操作技巧，使学生在生动有趣的案例中全面掌握 CorelDRAW 的知识点，真正领会 CorelDRAW 在设计实践中的具体应用。

党的二十大报告指出："统筹职业教育、高等教育、继续教育协同创新，推进职普融通、产教融合、科教融汇，优化职业教育类型定位。"本书旨在推进产教融合，采用工学一体的方式，以案例为依托，探索"岗课赛证"综合育人。在案例主题中，渗透中华优秀传统文化的传承，弘扬诚信文化，关注民生民情，用社会主义核心价值观铸魂育人。

本书分 8 个模块进行讲解，其中前面 5 个模块介绍了 CorelDRAW 的基本操作方法、常用工具的使用、图形的编辑与管理，以及交互式工具组、位图、文本和表格的处理等，通过具体的案例讲解工具的应用，提高学生课堂学习兴趣。在每个案例后面又安排了上机实训，结合课堂讲解的知识点，指导学生完成操作，促进学生巩固所学知识，提高实践能力。后 3 个模块通过综合实例应用，分别从海报设计、装帧设计、包装设计 3 个方面，全面介绍 CorelDRAW 的实践与应用。

本书教学应以操作训练为主，建议教学时数为 75 课时，其中上机时数不少于 50 课时，教学中的学时安排可参考下表。

模　块	学　时	模　块	学　时
模块 1	5	模块 6	6
模块 2	13	模块 7	6
模块 3	13	模块 8	6
模块 4	13	机　动	
模块 5	13	总　计	75

为了提高学习效率和教学效果，本书使用的图片、素材及习题答案、教学课件等资料通过"华信教育资源网"（http://www.hxedu.com.cn）发布，供学习者下载使用。

本书由山东省教育科学研究院段欣、鲁中中等专业学校王蕾任主编，由泰安岱岳职业中专王东军、泰安文化产业职专朱海霞任副主编，企业专家提供了案例素材，一些职业学校的教师参与了程序测试、试教和教材修改等工作，在此表示衷心的感谢。

由于作者水平有限，书中不妥之处在所难免，恳请广大师生和读者指正。

编　者

2019 年 8 月

目 录

CONTENTS

模块 1

走进 CorelDRAW X8 的世界

CorelDRAW 是 Corel 公司的平面设计软件。该软件是 Corel 公司出品的矢量图形制作工具软件，它不仅界面简洁、明快，具有强大的矢量图形制作和处理功能，可以创建复杂多样的美术作品，还给设计者提供了矢量动画、页面设计、网站制作、位图编辑和网页动画等多种功能。

CorelDRAW X8 绿色中文完整版是一款 Corel 公司推出的经历二十多年的发展与蜕变后又有了新突破的矢量图形制作工具，CorelDRAW X8 完善的内容环境和强大的平面设计功能为设计师提供了充分施展的舞台，广泛应用于矢量绘图、版面设计、网站设计和位图编辑等方面。

CorelDRAW X8 的突出特点有以下方面。

1. 矢量绘画更加多样

CorelDRAW X8 为设计者提供了一整套的绘图工具，包括圆形、矩形、多边形、手绘、艺术笔，配合塑形工具可做出更多的变化，如圆角矩形、弧、扇形、星形等；另外还提供了特殊笔刷，如压力笔、书写笔、喷洒器等，充分降低了设计者的操作难度，具有随机控制能力高的特点，如图 1-1 所示。

2. 图形定位更加精确

出于设计需要，软件提供了一整套的图形精确定位和变形控制方案，这给商标、标志等需要准确尺寸的设计带来了极大的便利，如图 1-2 所示。

图 1-1　矢量绘画图　　　　　　　　　　　　图 1-2　图形定位图

3. 丰富多彩的颜色匹配管理

　　颜色是美术设计的视觉传达重点，CorelDRAW X8 的实色填充功能提供了各种模式的调色方案及专色的应用、渐变、位图、底纹填充，颜色变化与操作方式更是其他软件都不能及的。软件的颜色匹配管理方案可让显示、打印和印刷达到颜色的一致，如图 1-3 所示。

4. 增强矢量和位图图样填充

　　CorelDRAW X8 位图图样填充是将预先设置好的许多规则的彩色图片填充到对象中，这种图片和位图图像一样，有着丰富的色彩，如图 1-4 所示。

图 1-3　颜色匹配管理　　　　　　　　　　图 1-4　图样填充

5. 精彩的排版效果

　　软件的文字处理与图像的输出、输入使其排版功能更加突出，如图 1-5 所示。

图 1-5　精彩排版

6. **支持大部分图像格式的输入与输出**

CorelDRAW X8 几乎与其他软件一样可畅行无阻地交换共享文件。

1.2　图形图像基本知识

1. 分类

在计算机领域，图形图像一般可以分为位图（图像）和矢量图（图形）两大类，这两种类型有着各自的优点，在使用 CorelDRAW 处理编辑图形图像时经常交叉使用这两种类型。

（1）矢量图

矢量图使用直线和曲线来描述图形，这些图形的元素是一些点、线、矩形、多边形、圆和弧线等几何图形，它们都是通过数学公式计算获得的，所以对矢量图形的编辑实际上就是对组成矢量图形的一个个矢量对象的编辑。CorelDRAW、AutoCAD 及 Illustrator 所绘制的图形均属此类。矢量图的主要特征是图形可任意放大或缩小而不失真，且文件占用的存储空间小，但是色彩不够丰富，无法表现逼真的景物。矢量图放大前后的对比效果如图 1-6 所示。

图 1-6　矢量图形放大前后的对比效果

在平面设计中常用的两种矢量图文件格式如下：

- AI：是 Illustrator 的标准文件格式。
- CDR：是 CorelDRAW 的标准文件格式，可以输出为 AI 格式，也可以在 Illustrator 中打开。

（2）位图

位图也称为点阵图，它是以大量的色彩点阵列组成的图像，每个色彩点称为一个像素，每个像素都有自己特定的位置和颜色值，所以对位图的编辑实际上就是对一个个像素的编辑。当放大位图时，可以看见构成整个图像的无数个方块。扩大位图尺寸的效果是增多单个像素，这会使线条和形状显得参差不齐。同样缩小位图尺寸是减少像素来使整个图像变小，会使原图变形。位图一般由数码相机、扫描仪等设备输出形成，还可由 Photoshop 等软件生成。位图的主要特征是可以表现出色彩丰富的图像，逼真表现自然界各类景物的图像效果，但是不能任意放大或缩小，且图像文件较大。位图放大前后的对比效果如图 1-7 所示。

图 1-7　位图放大前后的对比效果

2. 文件格式

不同的文件有不同的文件格式，通常可以通过其扩展名来进行区别，对于不同的文件格式，可根据需要在保存或者导入/导出文件时选择合适的文件类型，程序会生成相应的文件格式，并为其添加相应的扩展名。

CorelDRAW 提供了 CDR、JPG、BMP、TIF 等图像文件格式。用户在保存或者导入/导出文件时，可在"保存类型"或者"文件类型"下拉列表框中选择不同的文件格式。常见的图像文件格式主要有以下几种：

- CDR 格式：CorelDRAW 生成的默认文件格式，并且只能在 CorelDRAW 中打开。
- JPG 格式：以全彩模式显示色彩，是目前最有效率的一种压缩格式。JPG 格式常用于照片或连续色调的显示，而且没有 GIF 损失图像细部信息的缺点，不过 JPG 采用的压缩方式是破坏性的，因此会在一定程度上减损图像本身的品质。
- BMP 格式：是在 DOS 时代就出现的一种元老级文件格式，因此它是 DOS 和 Windows 操作系统上标准的 Windows 点阵图像格式。以此文件格式存储时，采用一种非破坏性的运行步长（RLE）编码压缩，不会损失任何图像的细节信息。
- PSD：Photoshop 中的标准文件格式，是 Adobe 公司为 Photoshop 量身定做的定制格式，也是唯一支持 Photoshop 所有功能的文件类型，包括图层、通道、路径等。它在存储时会进行非破坏性压缩以减少存储空间，打开时速度也比其他格式快。
- TIF：由 Aldus 公司早期研发的一种文件格式，至今仍然是图像文件的主流格式之一，同时横跨苹果（Macintosh）和个人电脑（PC）两大操作系统平台，是跨平台操作的标准文件格式，也广泛支持图像打印的规格，如分色的处理功能等。它采用 LZW（Lemple-Ziv-Welch）非破坏性压缩，但是不支持矢量图形。

3. 分辨率

分辨率通常分为显示分辨率、图像分辨率和输出分辨率等。

（1）显示分辨率

显示分辨率是指显示器屏幕上能够显示的像素点的个数，通常用显示器长度与宽度方向上能够显示的像素点个数的乘积来表示。如显示器的分辨率为 1200 像素×800 像素，则表示该显示器在水平方向可以显示 1200 个像素点，在垂直方向可以显示 800 个像素点，共可显示 960 000 个像素点。显示器的显示分辨率越高，显示的图像越清晰。

（2）图像分辨率

图像分辨率用以描述图像细节分辨能力，是指组成一幅图像的像素点的个数，通常用图像在宽度和高度方向上所能容纳的像素点的个数的乘积来表示。如分辨率为 1024×768，表示该图像由 768 行、每行 1024 个像素点组成。图像分辨率既反映了图像的精细程度，又体现了图像的大小。在显示分辨率一定的情况下，图像分辨率越高，图像越清晰，同时图像也越大。

（3）输出分辨率

输出分辨率是指输出设备（主要指打印机）在每个单位长度内所能输出的像素点的个数，通常由 dpi（dots per inch，每英寸的点数）来表示。输出分辨率越高，输出的图像质量就越好。

4. 颜色模式

颜色模式是指在显示器屏幕上和打印页面上重现图像色彩的模式。不同的颜色模式，用于图像显示的颜色数不同，拥有的通道数和图像文件大小也不同。CorelDRAW 中常用的颜色模式主要有以下几种：

走进 CorelDRAW X8 的世界

（1）灰度模式

灰度模式只有灰度色（图像的亮度）、没有彩色。在灰度色图像中，每个像素都以
8 位或 16 位显示，取值范围为 0（黑色）~255（白色），即最多可以使用 256 级灰度。

（2）RGB 模式

RGB 模式用红（R）、绿（G）、蓝（B）三原色混合产生各种颜色，该模式图像中每个像
素 R、G、B 的颜色值均为 0~255，每个像素的颜色信息由 24 位颜色位深度来描述，即所
谓的真彩色。RGB 模式是 Photoshop 中最常用的颜色模式，也是 Photoshop 默认的颜色模式。
对于编辑图像而言，RGB 是最佳的颜色模式，但不是最佳的打印模式，因为其定义的许多
颜色超出了打印范围。

（3）CMYK 模式

CMYK 模式是一种减色色彩模式，是一种基于青（C）、洋红（M）、黄（Y）和黑（K）四
色印刷的印刷模式。CMYK 模式是通过油墨反射光来产生色彩的，因其中一部分光线会被吸
收，所以该模式定义的色彩数比 RGB 模式少得多，是最佳的打印模式。若图像由 RGB 模式
直接转换为 CMYK 模式必将损失一部分颜色。

（4）Lab 模式

Lab 模式由三个通道组成，其中 L 通道是亮度通道；a 通道是从深绿色（低亮度值）到
灰色（中亮度值），再到亮粉红色（高亮度值）的颜色通道；b 通道是从亮蓝色（低亮度值）
到灰色（中亮度值），再到焦黄色（高亮度值）的颜色通道。

Lab 模式是 Photoshop 内部的颜色模式，可以表示的颜色最多，是目前色彩范围最广的
一种颜色模式。在颜色模式转换时，Lab 模式转换为 CMYK 模式不会出现颜色损失现象，因
此，在 Photoshop 中常利用 Lab 模式作为 RGB 模式转换为 CMYK 模式的中间过渡模式。

除上述四种基本颜色模式外，CorelDRAW 还支持位图模式、双色调模式、索引颜色模式
和多通道模式等。

案例 1　**微笑的力量——图形排版**

☑ 案例描述

在 CorelDRAW X8 中将素材分别导入和打开，学会
使用缩放工具管理视图，进行简单版面的重组和设计，
最后达到整个版面的美观、整齐，并传达出微笑的正
能量，最终效果如图 1-8 所示。

🔊 案例解析

在本案例中，需要完成以下操作。

● 启动 CorelDRAW 程序并在该程序中新建文件。

● 熟悉 CorelDRAW 的工作界面。

● 学习使用"打开"和"导入"命令打开图像

图 1-8　图形排版效果图

和导入外部素材。

● 学习使用标尺、参考线对图像进行精确定位。

● 学习使用 "缩放工具"对图像进行简单调整。

在本案例中，需要完成以下操作。

（1）双击 CorelDRAW 的快捷图标，或者选择"开始"→"程序"→"CorelDRAW Graphics Suite X8"命令，启动 CorelDRAW 程序，然后选择菜单"文件"→"新建"命令，新建图像文件，命名为"版式设计"，如图 1-9 所示。

（2）选择菜单"文件"→"打开"命令，在弹出的"打开绘图"对话框中选中素材库中的素材"笑脸"，选择"打开"命令，在 CorelDRAW 中打开"笑脸"文件，如图 1-10 所示。

图 1-9　新建文件

图 1-10　打开素材文件"笑脸"

（3）切换至"版式设计"文档，选择菜单"文件"→"导入"命令，在弹出的对话框中选择"杯子"，选择"导入"命令，此时鼠标指针变成黑色实心矩形箭头，鼠标指针后方显示要导入图像的名称、长宽参数、导入图像的位置及导入图像的方法，在画布上单击，将所选素材导入画布中，如图 1-11 所示。

（4）选择菜单"视图"→"标尺"命令，在当前图像窗口中显示标尺。选择菜单"视图"→"辅助线"命令，在当前图像窗口中显示辅助线。在标尺上向图像方向拖动鼠标，拖动出两条水平参考线和两条垂直参考线，如图 1-12 所示。

图 1-11　导入素材

图 1-12　添加参考线

（5）切换到"笑脸"文件，选择一个笑脸，右击，选择"复制"命令，切换到"版式设计"文档，右击，选择"粘贴"命令。单击"笑脸"，鼠标指针变成黑色十字箭头，移动图像到辅助线围成的矩形区域。按住图像角上的黑色方块拖动，将图像调整到适合矩形框大小，如图 1-14 所示。然后把"笑脸"拖动到其他杯子上。

（6）用同样的方法，复制不同的笑脸，然后通过参考区域调整大小，分别放置在不同杯子上。选择"文件"→"保存"命令，将图像文件保存，如图 1-14 所示。最终效果如图 1-8 所示。

图 1-13　排版设计

图 1-14　保存文件

1.3　CorelDRAW X8 基本操作

1. 工作界面

选择"开始"→"程序"→"CorelDRAW X8"命令，启动 CorelDRAW 程序，将显示欢迎屏幕界面，如图 1-15 所示。

欢迎屏幕界面是 CorelDRAW X8 功能的集合，在该界面中可以通过单击右侧的标签，切换不同的界面效果，如 ▶立即开始 、 工作区 、 新增功能 、 学习 、 灵感 等。利用欢迎屏幕界面中的强大功能，有利于 CorelDRAW 的快捷创作，特别对于初级用户而言更是如此，因此，最好勾选欢迎屏幕界面最下面 ✓启动时始终显示欢迎屏幕 复选框。关闭欢迎屏幕后，呈现 CorelDRAW X8 的工作界面，此时界面只有文件、工具、窗口、帮助 4 个菜单，如图 1-16 所示。

新建或打开文件后，CorelDRAW X8 的操作界面由菜单栏、标准工具栏、工具箱、属性栏、调色板等一些通用元素组成，如图 1-17 所示。

（1）菜单栏

可以通过执行菜单栏中的命令按钮来完成所有的操作。菜单栏位于 CorelDRAW 工作界面的上端，包括"文件""编辑""视图""布局""对象""效果""位图""文本""表格"

“工具”“窗口”和“帮助”共12个菜单命令，如图1-18所示。

图1-15 欢迎屏幕界面

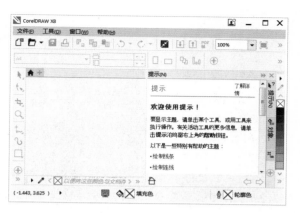

图1-16 工作界面

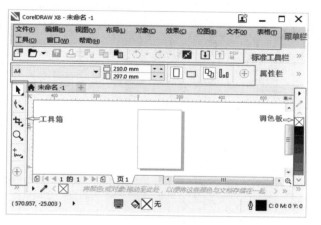

图1-17 操作界面

图1-18 菜单栏

（2）标准工具栏

CorelDRAW标准工具栏位于菜单栏的下方，其中包含一些最常用的工具，单击工具按钮将选择相应的命令，如图1-19所示。

图1-19 标准工具栏

（3）属性栏

属性栏位于常用工具栏的下方，是一种交互式的功能面板。当使用不同的绘图工具时，

属性栏会自动切换为此工具的控制选项。未选取任何对象时，属性栏上会显示与页面和工作环境设置有关的一些选项，如图1-20所示。

默认文档属性栏：

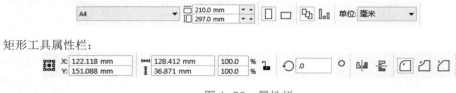

矩形工具属性栏：

图1-20　属性栏

（4）工具箱

工具箱在初始状态下一般位于窗口的左端，当然也可以根据自己的习惯拖放到其他位置，利用工具箱提供的工具，可以方便地进行选择、移动、取样、填充等操作，如图1-21所示。

图1-21　工具箱

某些工具按钮右下角带有◢符号，表示该工具还包含子工具，单击该符号或者单击显示的工具不放，即可展开工具条，例如，单击矩形工具右下角的◢符号，则展开其工具

□ 矩形(R)　　　F6
⊟ 3点矩形(3)　　　。

默认情况下，工具箱中的各个工具以图标的形式显示，但不显示工具的名称，可通过以下方法显示工具的提示信息：选择菜单"工具"→"选项"命令，或按Ctrl+J组合键，打开"选项"对话框，在"工作区"的"显示"选项中，勾选"显示浮动式工具栏的标题"复选框，单击"确定"按钮，如图1-22所示。

图1-22　设置显示浮动式工具栏

在"工具箱"选项的下一级选项中选中任意一种工具，在右侧会有相应的参数设置选项，可根据需要对所选工具的属性进行修改和设置，如图 1-23 所示。

（5）页面标签

CorelDRAW 具有处理多页文件的功能，可以在一个文件内建立多个页面，翻页时可以借助页面标签来切换工作页面。页面标签位于工作界面的左下角，用于显示文件所包含的页面数及当前的页面位置。在页面标签上右击，弹出快捷菜单，选择对应的命令，可完成对页面的插入、删除、重命名等操作，如图 1-24 所示。

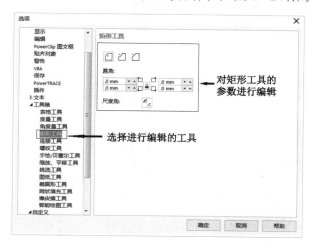

图 1-23　编辑矩形工具

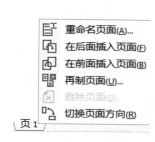

图 1-24　页面标签

（6）状态栏

状态栏在默认状态下位于窗口的底部，主要显示光标的位置及所选对象的大小、填充色、轮廓线颜色和宽度。在状态栏上右击，可以弹出状态栏属性菜单，在其菜单"自定义"子菜单中可以对状态栏进行设置，如图 1-25 所示。

（98.937, 110.739）　▶　　多边形 (5个边) 在 图层1 上　　◇☒无　　　　　　 C: 0 M: 0 Y: 0 K: 100 ⁝

图 1-25　状态栏

（7）标尺

标尺可以帮助用户准确地绘制、对齐和缩放对象，由水平标尺和垂直标尺组成。在标尺上按住鼠标左键不释放，向绘图页面拖动，可绘制一条辅助线，该辅助线只是帮助精确定位图形的位置或控制图形的大小尺寸，不会被打印出来。选择"视图"→"标尺"命令，可对标尺进行隐藏和显示。在标尺的任意位置双击会弹出"选项"对话框，可以设置标尺的属性，如图 1-26 所示。

（8）工作区

工作区包括用户放置的任何图形和屏幕上的所有元素。

（9）绘图页面

在工作区中显示的矩形范围称为绘图页面，可以根据需要来调整绘图区域的大小。

（10）调色板

调色板在默认状态下位于工作界面的右侧，默认的色彩模式为 CMYK。调色板中有很多颜色色块，可以单击调色板上方的按钮，依次选择"行"→"3 行"将调色板展开 3 行显示多种颜色，如图 1-27 所示。选择菜单"工具"→"选项"→"调色板"命令，弹出调色板属性设置对话框，如图 1-28 所示，可对调色板设置属性。

图 1-26　设置标尺属性

图 1-27　调色板

（11）泊坞窗

在泊坞窗命令选项中可以设置显示或隐藏具有不同功能的控制面板，以方便用户操作。选择"窗口"→"泊坞窗"命令，在弹出的子菜单中选择所要显示的命令选项，打开相应的"泊坞窗"对话框。

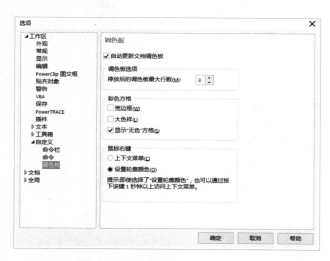

图 1-28　调色板属性设置对话框

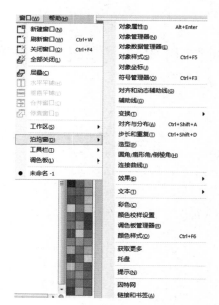

图 1-29　泊坞窗子菜单

2. 基本操作

CorelDRAW 的基本操作包括图像文件的新建、打开、保存及导入、导出等，这是以后深入学习 CorelDRAW 的基础。

（1）新建文件

选择菜单"文件"→"新建"命令，或按 Ctrl+N 组合键，新建一个文档。选择菜单"布局"→"页面设置"命令，弹出"选项"对话框，如图 1-30 所示，可以对建立文件的大小、版面、背景进行设置。

图 1-30　"选项"面板

（2）打开文件

选择菜单"文件"→"打开"命令，或按 Ctrl+O 组合键，弹出"打开绘图"对话框，如图 1-31 所示，选择需要打开的文件。可以按住 Shift 键选择多个连续的图形文件，也可以按住 Ctrl 键选择多个不连续的图形文件。

图 1-31　"打开绘图"对话框

走进 CorelDRAW X8 的世界

（3）保存文件

当完成一件作品或处理完一幅图像时，需要将完成的图形对象进行保存。选择菜单"文件"→"保存"命令，或按 Ctrl+S 组合键，打开"保存绘图"对话框，如图 1-14 所示。在保存文件时，系统默认的保存格式为 CDR 格式，这是 CorelDRAW 的专用格式。如果想保存为其他格式，可以在"保存类型"下拉菜单命令中选择保存类型。保存版本时要注意高版本的软件可以打开低版本的文件，但低版本的软件无法打开高版本的文件。

（4）导入文件

选择菜单"文件"→"导入"命令，或按 Ctrl+I 组合键，弹出"导入"对话框，如图 1-33 所示。选择存储文件的文件夹，在"文件"列表中选择相应文件，单击"导入"按钮。在绘图页上执行下列操作之一，导入文件。

- 在某个位置单击，文件被导入当前位置。
- 单击并拖动鼠标，重新设置导入文件的尺寸。
- 按 Enter 键，使导入的文件居中显示。
- 按空格键，使导入的文件使用原始位置。

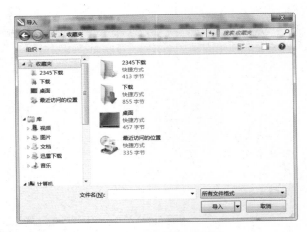

图 1-32　保存类型　　　　　　　　　图 1-33　"导入"对话框

（5）导出文件

在 CorelDRAW 中，选择菜单"文件"→"导出"命令，或按 Ctrl+E 组合键将打开"导出"对话框，如图 1-34 所示。

输入文件名后，选择文件类型及其属性，单击"导出"按钮。图 1-35 所示为选择导出"文件类型"为"JPG-JPEG 位图"时，弹出"导出到 JPEG"对话框，在其中设置相应参数，单击"确定"按钮，即可在指定的文件夹内生成导出文件，原始文件在绘图窗口中保持以现有格式打开。

（6）视图设置

在 CorelDRAW 中，选择"视图"菜单中的"全屏预览"或"只预览选定的对象"命令分别预览所有图形或选定对象。"视图"菜单如图 1-36 所示。

图 1-34　"导出"对话框

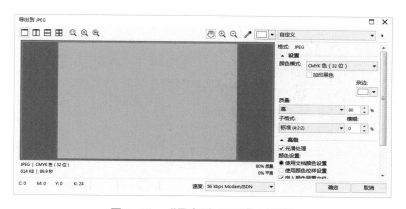

图 1-35　"导出到 JPEG"对话框

图 1-36　"视图"菜单

走进 CorelDRAW X8 的世界

① 视图的显示模式

在"视图"菜单中提供了"简单线框""线框""草稿""普通""增强"及"像素"6种视图显示模式，可以根据需要在绘图过程中加以选择。

- 简单线框：通过隐藏填充、立体模型、轮廓图、阴影及中间调和形状来显示绘图的轮廓；也可单色显示位图。使用此模式可以快速预览绘图的基本元素。
- 线框：在简单线框模式下显示绘图及中间调和形状的显示模式。
- 草稿：显示绘图填充和低分辨率下的位图。使用此模式可以消除某些细节，能够关注绘图中的颜色均衡问题。
- 普通：显示绘图时不显示 PostScript 填充或高分辨率位图。使用此模式时，刷新及打开速度比"增强"模式稍快。
- 增强：显示绘图时显示 PostScript 填充、高分辨率位图及光滑处理的矢量图。

- 像素：模拟重叠对象设置为叠印的区域颜色，并显示 PostScript 填充、高分辨率位图和光滑处理的矢量图形。

图 1-37 所示为选择"线框""草稿"及"增强"模式时的显示效果。

图 1-37　"线框""草稿"及"增强"模式的显示效果

② 布局设置

在"布局"菜单中提供了"插入页面""再制页面""重命名页面""插入页码""切换页面方向"及"页面设置"等选项，"布局"菜单如图 1-38 所示。

选择菜单"布局"→"页面设置"命令，打开"选项"对话框，可以根据需要对页面"页面尺寸""布局""标签"及"背景"的相关参数进行调整，如图 1-39 所示。相关设置可以作为创建所有新绘图的默认值。

图 1-38　"布局"菜单

图 1-39　"选项"对话框中的"版面"选项

（7）辅助工具的使用

在 CorelDRAW 中，选择"视图"菜单里的"标尺""网格""辅助线"等辅助选项，或选择菜单"视图"→"设置"命令，在弹出的"选项"对话框中对以上选项进行设置，有助于精确地绘制、对齐和定位对象，方便快捷地进行创作。相应的"视图"菜单及"选项"对话框如图 1-40 所示。

- 标尺：在绘图窗口中显示标尺，有助于精确地绘制、缩放和对齐对象。可以隐藏标尺或将其移动到绘图窗口中的其他位置，还可以根据需要自定义标尺的设置。
- 网格：是一系列交叉的虚线或点，用于在绘图窗口中精确地对齐和定位对象。通

过指定频率或间距，可以设置网格线或网格点之间的距离，还可以使对象与网格
贴齐。

图 1-40 "视图"菜单及"选项"对话框

● 辅助线：可以放置在绘图窗口中任何位置，用来帮助放置对象。辅助线分为 3 种
类型：水平、垂直和倾斜。可以在需要添加辅助线的任何位置添加辅助线，也可
以选择添加预设辅助线，还可以使对象与辅助线贴齐。
图 1-41 所示为使用"标尺"及"辅助线"绘图的效果。

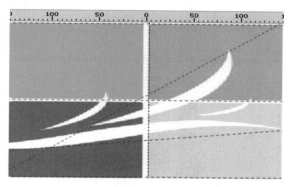

图 1-41 使用"标尺"及"辅助线"绘图的效果

一、填空题

1．CorelDRAW 是加拿大 Corel 公司的产品，是一种直观的图形设计应用程序，具有强
大的_____制作和处理功能。

2．矢量图形也称_____，它是以数学的方式来定义直线或曲线的。

3．位图图像，也称为点阵图像或_____，由称作像素（图片元素）的
单个点组成。

走进 CorelDRAW X8 的世界

4. CoreIDRAW 的工作界面主要由_____、_____、_____、_____、_____、_____、属性栏等一些通用元素组成。

5. CoreIDRAW X8 完善的内容环境和强大的平面设计功能为设计师提供充分施展的舞台，是_____、_____、_____和_____等方面的神奇利器。

6. 灰度是一种黑白模式的色彩模式，但与黑白二色的位图不同，从_____有 256 种不同等级的明度变化。

7. 在保存文件时，系统默认的保存格式为_____，这是 CoreIDRAW 的专用格式，如果想保存为其他格式，可以通过"文件"菜单中的_____命令来完成。

8. _____模式显示绘图填充和低分辨率下的位图。使用此模式可以消除某些细节，使用户能够关注绘图中的颜色均衡问题。

二、上机实训

1. 上机练习 CoreIDRAW 的基本操作，包括文件的新建、打开、保存等。

2. 新建一个文件，导入一幅素材库中的 4 个位图图像，进行导入、导出、视图设置及辅助工具的练习（效果如图 1-42 所示），可以发挥自己的想象力，设计出更多种类的版面。

图 1-42　参考效果图

模块 2

常用的绘图与填充工具

案例 2　艺术"家"——常用工具的使用

案例描述

使用"椭圆形工具""矩形工具""钢笔工具"等绘制如图 2-1 所示的"艺术家"效果。

案例解析

在本案例中，需要完成以下操作。

- 使用"椭圆形工具"和"钢笔工具"完成笑脸的绘制。
- 使用"矩形工具"和"钢笔工具"完成"家"字的绘制。
- 使用"椭圆形工具"和"矩形工具"完成房屋外廓的绘制。
- 使用"对象属性"泊坞窗完成轮廓宽度、颜色和填充的设置。

图 2-1　艺术"家"效果图

（1）双击 CorelDRAW 的快捷图标，或选择"开始"→"程序"→"CorelDRAW Graphics Suite X8"命令，启动 CorelDRAW 程序，然后选择菜单"文件"→"新建"命令，新建图像文件，然后按 Ctrl+S 组合键保存文件，命名为"艺术家"。

（2）绘制笑脸。选择工具箱中的"椭圆形工具"，按住 ctrl 键拖曳鼠标，绘制出一个圆形。打开"对象属性"泊坞窗，"轮廓宽度"为"无"，"填充"选择"均匀填充"，填充颜色为 C:12 M:0 Y:78 K:0。选择工具箱中的"钢笔工具"，完成微笑的眼睛和嘴巴的绘制，每完成一部分的绘制，双击鼠标完成绘制。"轮廓宽度"为"无"，"填充"选择"均匀填充"，填充颜色为黑色，效果如图 2-2 所示。

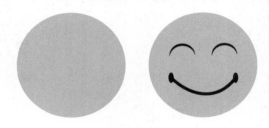

图 2-2　笑脸效果

（3）绘制宝盖头。选择工具箱中的"钢笔工具"，借助辅助线，绘制出宝盖头轮廓，"轮廓宽度"为"无"，"填充"选择"均匀填充"，填充颜色为黑色，效果如图 2-3 所示。

（4）绘制"家"字的下半部分。单击工具箱中的"矩形工具"，绘制一横。之后，借助辅助线，使用"钢笔工具"完成剩余部分的绘制。"轮廓宽度"为"无"，"填充"选择"均匀填充"，填充颜色为黑色，效果如图 2-4 所示。

图 2-3　宝盖头效果

图 2-4　"家"字效果

（5）绘制屋顶。单击工具箱中的"椭圆形工具"，在窗口中拖曳，绘制一个椭圆形。在其"对象属性"泊坞窗中，"轮廓宽度"为"10mm"，轮廓颜色为红色，"填充"选择"无填充"。在属性栏中，选择"弧"，设置起始和结束角度，使弧像屋顶一样在"家"的上方，如图 2-5 所示。

（6）完成房屋效果的绘制。使用"矩形工具"，借助辅助线，完成房屋效果的绘制。"轮廓宽度"为"无"，"填充"选择"均匀填充"，填充颜色为黑色，效果如图 2-6 所示。

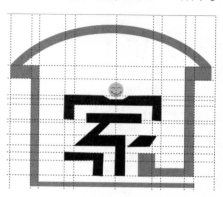

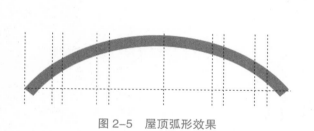

图 2-5　屋顶弧形效果

图 2-6　房屋整体效果

（7）绘制微笑的眼睛。使用"钢笔工具"完成微笑眼睛的绘制，使用"移动工具"拖动到合适位置。

（8）保存文件，导出为"艺术家.jpg"，最终效果图如图 2-1 所示。

2.1 手绘工具组

在 CorelDRAW 中，绘制线条的工具主要在"手绘工具组"中，包括"手绘""2 点线""贝塞尔""钢笔""B 样条""3 点曲线""折线""智能绘图"8 个工具。通过这些基本工具可以绘制出各式各样的曲线图形。

1. 手绘工具

单击"手绘工具"按钮，将鼠标光标移到页面中，在需要绘制的地方，单击确定线段的第一个点，移动鼠标光标到第二个点的位置，单击绘制出一条线段；也可按住鼠标左键并拖动绘制出一条曲线。还可以通过属性栏设置线条的形状和箭头，绘制效果如图 2-7 所示。

图 2-7 "手绘工具"的绘制效果

属性栏的相关选项如图 2-8 所示。

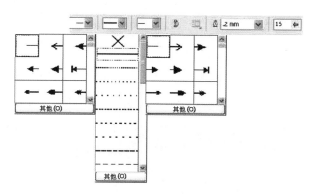

图 2-8 属性栏的相关选项

2. 贝塞尔工具

贝塞尔工具主要用来绘制平滑、精确的曲线。通过改变节点和控制点的位置来控制曲线的弯曲度，达到调节直线和曲线形状的目的，绘制效果如图 2-9 所示。

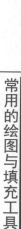

常用的绘图与填充工具

单击"贝塞尔工具"按钮，将鼠标光标移到页面中，在需要绘制的地方，单击确定线段的第一个点，如果绘制直线，指向要结束线条的位置，然后单击；要绘制曲线，可拖动鼠标以定义曲线，如果要限制曲线增量为 15°，可以在拖动鼠标时按住 Ctrl 键。停止绘制，按空格键。

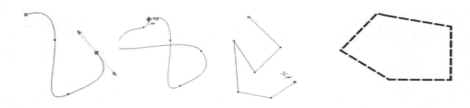

图 2-9 "贝塞尔工具"的绘制效果

3. 钢笔工具

利用钢笔工具可以勾勒出许多复杂图形，也可以一次性地绘制出多条曲线、直线或复合线。绘制的过程中可以通过添加或删除节点的方法来编辑直线或曲线，绘制效果如图 2-10 所示。

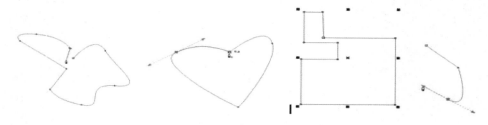

图 2-10 "钢笔工具"的绘制效果

绘制曲线段，在要放置第一个节点的位置单击，然后将控制手柄拖至要放置下一个节点的位置。松开鼠标左键，然后拖动控制手柄以创建所需的曲线；绘制直线段，在要开始该线段的位置单击，然后在要结束该线段的位置单击；完成绘制，双击；添加节点，指向要添加节点的位置，然后单击；删除一个节点，指向该节点，然后单击。

2.2 艺术笔工具

利用艺术笔工具可以创造出多种图案和笔触效果，艺术笔工具在属性栏中为用户提供了"预设"、"笔刷"、"喷罐"、"书法"、"压力"5 种样式。选择一种绘图样式，沿着所需的路径拖动，就像在纸张上用笔画图一样，效果如图 2-11 所示。使用鼠标拖动绘制时，同时按住键盘上的向上箭头键或向下箭头键，可以模拟笔压力的变化，并更改线条的宽度。

图 2-11 "艺术笔工具"的绘制效果

2.3 形状工具组

1. 形状工具

在 CorelDRAW 中，曲线是由节点和线段组成的，节点是造型的关键。运用形状工具可以调整图形对象的节点以实现造型，也可以随意添加节点或删除节点。在页面中选择要编辑的曲线，单击工具箱中的"形状工具"按钮，出现"形状工具"属性栏，如图 2-12 所示，可对曲线上的节点进行调整。或者在节点上右击，在弹出的快捷菜单中选择相应选项实现各种调整。

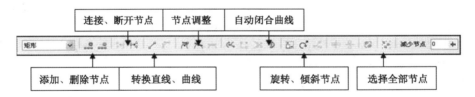

图 2-12 "形状工具"属性栏

（1）节点的三种形式

CorelDRAW 为用户提供了三种节点编辑形式：对称、平滑和尖突。这三种节点可以相互转换，实现曲线的变化，如图 2-13 所示。

- 对称：节点两端的指向线以节点为中心而对称，改变其中一个的方向或长度时，另一个也会产生同步、同向的变化。默认的节点都是对称节点。
- 平滑：节点两端的指向线始终为同一直线，即改变其中一个指向线的方向时，另一个也会相应变化，但两个手柄的长度可以独立调节，相互之间没有影响。
- 尖突：节点两端的指向线是相互独立的，可以单独调节节点两边线段的长度和弧度。

（2）编辑节点的基本操作

- 节点的添加：选择需要编辑的曲线，单击"形状工具"按钮，将光标放在需要添加节点的位置上，右击，选择"添加"命令，可添加节点。或者直接使用形状工具在需要添加节点的位置上双击，添加节点。

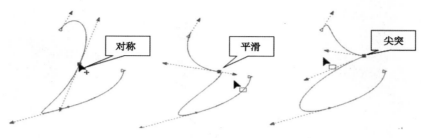

图 2-13 节点的类型

● 节点的删除：选择需要编辑的曲线，单击"形状工具"按钮，将光标放在需要删除的节点上，右击，在如图 2-14 所示的快捷菜单中选择"删除"命令，可删除节点。或者直接使用形状工具在需要删除的节点上双击，删除节点。
● 节点的结合：单击"形状工具"按钮，选择开放曲线上两个不相连的节点，单击属性栏中的 ⿰， 或者在任意一个节点上右击，在快捷菜单中选择"自动闭合"命令，两个节点连接在一起，效果如图 2-15 所示。

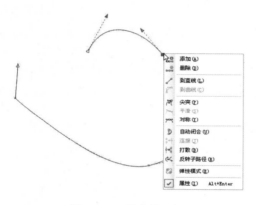

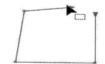
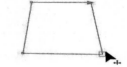

图 2-14 节点的编辑　　　　　　　　图 2-15 节点的结合

● 节点的分割：选择封闭曲线对象的某个节点，单击属性栏中的 ⿰， 或右击，在快捷菜单中选择"打散"命令，这个对象即不再闭合。分割后的曲线可以用"自动闭合"的方法再连接起来，如图 2-16 所示。

（3）直线与曲线的转换

在对象的外轮廓中，有时需要对线段进行直线与曲线的转换。单击"形状工具"按钮，选中要转换的节点，右击，在弹出的快捷菜单中选择"到曲线"命令，直线被转换成曲线，反之亦然，转换效果如图 2-17 所示。

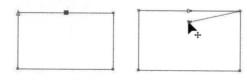

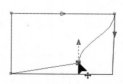

图 2-16 节点的分割　　　　　　　　图 2-17 直线与曲线的转换

2. 平滑工具 ✍

使用平滑工具可以平滑曲线的对象，以移除锯齿状边缘并减少节点数量。使用时，选中该工具，沿对象边缘拖动。要更改笔尖大小，在属性栏上的笔尖大小框中输入一个值，然后按 Enter 键。要设置应用平滑效果的速度，在速度框中输入一个值，然后按 Enter 键。

3. 涂抹工具 ⋝

涂抹工具通过沿对象轮廓拉伸或收缩来对对象进行造型。要涂抹对象外部，可在对象内部靠近边缘处单击，然后向外拖动；要涂抹选定对象内部，可在对象外部靠近边缘处单击，然后向内拖动；要更改笔尖大小，可在属性栏上的笔尖大小框中输入一个值，然后按 Enter 键。

4. 转动工具 ◉

使用转动工具可以为对象添加转动效果。单击对象的边缘，按住鼠标左键，直至转动达到所需大小。要定位转动及调整转动的形状，在按住鼠标左键的同时进行拖动。要更改笔尖大小，在属性栏上的笔尖大小框中输入一个值，然后按 Enter 键。要设置应用转动效果的速度，可在速度框中输入一个值，然后按 Enter 键。 要设置转动效果的方向，可单击属性栏上的逆时针转动按钮或顺时针转动按钮。

5. 吸引工具 ▷

通过吸引节点对对象造形。在选定对象内部或外部靠近边缘处单击，按住鼠标左键以调整边缘形状。若要取得更加显著的效果，可在按住鼠标左键的同时进行拖动。要更改笔尖大小，请在属性栏上的笔尖大小框中输入一个值，然后按 Enter 键。

6. 排斥工具 ▷

通过推开节点对对象造形在选定对象内部或外部靠近边缘处单击，按住鼠标左键以调整边缘形状。若要取得更加显著的效果，可在按住鼠标左键的同时进行拖动。要更改笔尖大小，可在属性栏上的笔尖大小框中输入一个值，然后按 Enter 键。

7. 沾染工具 ♀

使用沾染工具可以在图形中间通过拖曳的方法形成特殊的镂空效果，并且可以将图形的轮廓向外进行延伸或向内进行收缩。

8. 粗糙工具 ⫰

使用粗糙工具可以将图形的边缘变为锯齿形状，如图 2-18 所示。要使选定对象变得粗糙，可指向要变粗糙的轮廓上的区域，然后拖动轮廓使之变形。要更改笔尖大小，可在属性栏上的笔尖大小框中输入一个值，然后按 Enter 键。

图 2-18 "粗糙工具"的绘制效果

2.4 矩形工具

使用"矩形工具"⬚可以绘制矩形、正方形和圆角矩形。单击工具箱中的"矩形工具"⬚，在页面区域中按下鼠标左键并拖动，在矩形框达到所需大小的时候，松开左键即可得到矩形。若直接双击"矩形工具"，则可创建一个与页面大小相同的矩形。

1. 矩形属性栏

选中矩形，属性栏上显示相应的设置选项，通过它可调整矩形的大小、轮廓宽度、旋转角度、文字环绕形式等，矩形属性栏如图 2-19 所示。

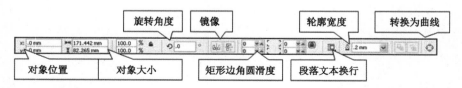

图 2-19 矩形属性栏

2. 绘制圆角矩形

单击"形状工具"⬝，单击矩形的一个节点进行拖曳，可改变矩形的圆角程度。也可在属性栏上的"矩形边角圆滑度"文本框中输入数值，精确设置矩形的圆角度数。在默认的情况下，对矩形的四个角的圆角变化是等比例同时进行的。如果要对其中一个角单独进行圆角操作，需要先取消圆角的等比缩放，即单击属性栏中的"同时编辑所有角"按钮🔒，取消锁定状态。这样，在其中任意一个角的圆角文本框中输入圆角值，将不会影响其他的角，效果如图 2-20 所示。

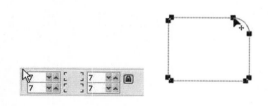

图 2-20 绘制圆角矩形

3. 绘制正方形

单击"矩形工具" ▢，在页面区域中按住 Ctrl 键拖动鼠标，可绘制出正方形；若按住 Shift 键拖动鼠标，绘制以单击点为中心的矩形；按住 Ctrl+ Shift 组合键拖动鼠标，则绘制以单击点为中心的正方形，效果如图 2-21 所示。

4. 转换为曲线

在矩形对象上右击，弹出如图 2-22 所示的下拉菜单，选择"转换为曲线"选项，将矩形转换为曲线，可随意调整其节点进行编辑。

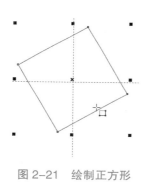

图 2-21　绘制正方形

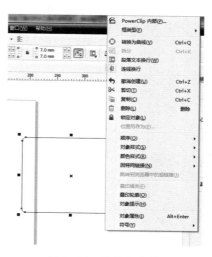

图 2-22　转换为曲线

2.5　椭圆形工具

单击工具箱中的"椭圆形工具" ，在页面区域中按下鼠标左键并拖动，在椭圆形达到所需大小的时候，松开左键即可得到椭圆形。

1. 椭圆形属性栏

选中椭圆形，属性栏上显示其相应的设置选项，可通过它来调整椭圆形的大小、轮廓宽度、旋转角度、文字环绕形式等，如图 2-23 所示。

2. 绘制"饼形"和"圆弧"

在工作区中绘制出一个椭圆形，单击"形状工具" 在椭圆形上选择节点，在椭圆形内部拖动节点到恰当的位置即可绘制饼形。也可以在属性栏中选择"饼形"并设置"起始和结束角度"以绘制饼形。同样可以进行圆弧的设置，如图 2-24 所示。

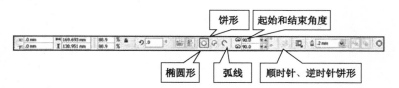

图 2-23 "椭圆形工具"属性栏

图 2-24 绘制"饼形"和"圆弧"

注意：

利用"形状工具" 拖动节点，在椭圆形内部调整即形成饼形，在椭圆形外部调整则形成圆弧。

3. 绘制正圆

单击"椭圆形工具"按钮，在页面区域中按住 Ctrl 键拖动鼠标，可以绘制正圆；按住 Shift 键拖动鼠标，可以绘制以单击点为中心的圆形；按住 Ctrl+ Shift 组合键拖动鼠标，则可以绘制以单击点为中心的正圆形。

4. 转换为曲线

在椭圆形对象上右击，可以弹出下拉菜单，选择"转换为曲线"命令，将椭圆形转换为曲线，可以随意调整其节点进行编辑。

2.6 三点矩形工具和三点圆形工具

"三点矩形工具"和"三点圆形工具"是 CorelDRAW 的"矩形"和"椭圆形"绘制工具的延伸工具，能绘制出有斜度的矩形和圆形。

- "三点矩形工具" 是通过 3 个点来绘制矩形的，在工具箱中单击"三点矩形工具"按钮，按住鼠标左键并拖动到恰当的位置松开，此时，可以确定矩形的一条边长，再继续拖动鼠标到合适的位置，单击即可绘制出一个矩形，如图 2-25 所示。
- "三点椭圆形工具" 是通过 3 个点来绘制椭圆形的，在工具箱中单击"三点椭圆形工具"按钮，按住鼠标左键并拖动到恰当的位置松开，此时，可以确定椭

模块 2

圆形的一条轴长，再继续拖动鼠标到合适的位置，单击即可绘制出一个椭圆形，如图 2-26 所示。

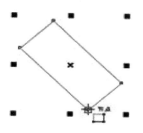

图 2-25　绘制"三点矩形"

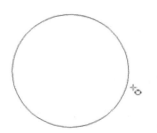

图 2-26　绘制"三点椭圆形"

常用的绘图与填充工具

2.7　多边形工具组

在 CorelDRAW 中，多边形工具组包括"多边形工具""星形工具""复杂星形工具""图纸工具""螺纹工具""基本形状工具""箭头形状工具""流程图形状工具""标题形状工具""标注形状工具"10 种工具。

1. 多边形工具

单击工具箱中的"多边形工具" ⬡ ，选择"多边形"命令，在工具属性栏中设置需要绘制的多边形边数。按住鼠标左键并拖动，可绘制出一个多边形。

在拖动鼠标左键的同时按住 Shift 键，可以绘制以单击点为中心，向四周展开的多边形，按住 Ctrl 键可以绘制正多边形，按住 Ctrl+ Shift 组合键可以绘制以单击点为中心的正多边形。绘制效果如图 2-27 所示。

选中绘制好的多边形对象，运用"形状工具"拖动多边形的节点可以改变节点的位置，由于多边形是一种完全对称的图形，控制点相互关联，当改变一个控制点时，其余的控制点也会跟着发生变化，变化效果如图 2-28 所示。

图 2-27　绘制正多边形

图 2-28　多边形变化效果

2. 星形工具 ☆

"星形工具"与"多边形工具"的使用方法相似，但注意在"星形工具"属性栏中要设置好星形的"边数"和角的"锐度"，如图 2-29 所示。

图 2-29 绘制"星形"

3. 复杂星形工具 ✿

使用"复杂星形工具"绘制星形与"星形工具"相似，但要注意在"复杂星形工具"属性栏中，"星形和复杂星形的锐度" ▲ 是指图形的尖锐度。设置不同的"边数"，图形的尖锐度也各不相同，端点数低于"7"的交叉星形，不能设置尖锐度。通常情况下，点数越多，图形的尖锐度越大。图 2-30 所示为设置不同的"边数"和"锐度"后产生的复杂星形效果。

图 2-30 绘制"复杂星形"

4. 图纸工具 ▦

利用"图纸工具"可以绘制不同行数和列数的网格图形。绘制的网格图形由一组矩形或正方形群组而成，可以取消群组，使网格图形成为独立的矩形或正方形。

单击工具箱中的"图纸工具" ▦ ，在工具属性栏中设置需要绘制"图纸"的行数与列数。按住鼠标左键并拖动，可绘制出网格。选择"排列"中的"取消组合"命令打散网格，可对每个矩形分别填充颜色，效果如图 2-31 所示。

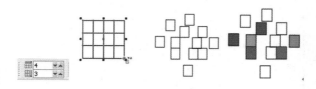

图 2-31 使用"图纸工具"绘制图形

5. 螺纹工具 ◎

单击工具箱中的"螺纹工具" ◎ ，在属性栏中设置需要绘制的类型。按住鼠标左键并拖动，可绘制出螺纹。"对称式螺纹"可以绘制间距均匀且对称的螺旋图形。"对数式螺纹"可以绘制出圈与圈之间的距离由内向外逐渐增大的螺旋图形，效果如图 2-32 所示。

图 2-32　使用"螺纹工具"绘制图形

6. 基本形状工具

单击工具箱中的"基本形状工具"，在工具栏中的"完美形状"中选择想要的形状，按住鼠标左键并拖动，可绘制出一个形状。效果如图 2-33 所示。

7. 箭头形状工具

单击工具箱中的"箭头形状工具"，在工具栏中的"完美形状"中选择想要的形状，按住鼠标左键并拖动，可绘制出一个形状。效果如图 2-34 所示。

图 2-33　使用"基本形状工具"绘制图形

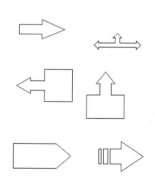

图 2-34　使用"箭头形状工具"绘制图形

8. 流程图形状工具

使用"流程图形状工具"可以绘制适用于不同流程效果的流程图形状。之后，可以填充颜色和使用文本工具添加文字，来说明流程的方向和步骤。效果如图 2-35 所示。

9. 标题形状工具

使用"标题形状工具"可以绘制多种丝带对象和爆发形状效果。效果如图 2-36 所示。

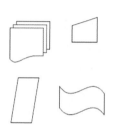

图 2-35　使用"流程图形状工具"绘制图形

常用的绘图与填充工具

10. 标注形状工具 ▭

使用"标注形状工具"可以对所制作的图形添加标注和文字来进行具体说明。如果要移动标注形状所指示的位置，可以用"形状工具"选择标注形状的节点进行拖动，还可以将所绘制的标注形状变为文本框，在其中输入文字。效果如图 2-37 所示。

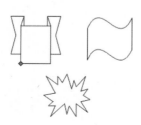

图 2-36 使用"标题形状工具"绘制图形   图 2-37 使用"标注形状工具"绘制图形

2.8 文本工具

在进行平面设计创作中，图形、色彩、文字是最基本的三大要素。文字的作用是任何元素也不能替代的，它能直观地表达思想，反映诉求信息，让人一目了然。

1. 文本工具的基本属性

文字的基本属性包括文本的字体、颜色、间距及字符效果等。在工具栏里选择"文本工具"时，在属性栏里会显示与文本相关的选项，如图 2-38 所示。

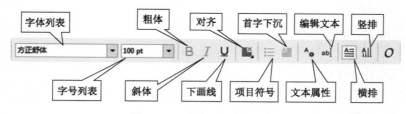

图 2-38 文本工具的属性栏

- 字体列表：选择文本工具或选择文本对象后，在属性栏的"字体列表"下拉列表中选择字体。
- 字号列表：选择了文本工具或选择文本对象后，在属性栏的"字号列表"下拉到表中选择字体大小，也可直接输入数值设置大小。
- 粗体：单击该按钮，可将文字加粗，再次单击，使加粗的文字还原。
- 斜体：单击该按钮，可将文字倾斜，再次单击，使倾斜的文字还原。
- 下画线：单击该按钮，可为文字添加下画线效果，再次单击，则取消下画线效果。

- 对齐：单击该按钮，弹出水平对齐下拉列表，可以根据需要选择文字的对齐方式。
- 项目符号：单击该按钮，弹出项目符号对话框，对话框里可设置符号样式、大小、间距等，再次单击该按钮，取消项目符号的使用。
- 首字下沉：为突出段落的句首，可在段落文本中使用首字下沉。单击该按钮，显示首字下沉效果，再次单击该按钮，取消首字下沉的使用。"首字下沉"效果如图 2-39 所示。
- 文本属性：单击该按钮，弹出文本属性泊坞窗，在泊坞窗里可以对字符进行格式化设置。
- 编辑文本：单击该按钮，弹出"编辑文本"对话框，如图 2-40 所示，可对文本进行编辑。

图 2-39 "首字下沉"效果　　　　　图 2-40 "编辑文本"对话框

- 横排：单击该按钮，可使选中的文本呈水平方向排列。
- 竖排：单击该按钮，可使选中的文本呈垂直方向排列。

2. 美术字文本

CorelDRAW 默认的输入文本是美术字文本。单击工具箱中的"文本工具"字，在绘画窗口中的任意位置单击，出现输入文字的光标后，便可输入美术字。输入完成后，选中刚输入的字，可以通过属性栏实现字的大小、字体、样式等的设置。

（1）美术字的变换

美术字文本在 CorelDRAW 中等同于图形对象，可以自由变换。选中美术字，把光标放在对象上，当光标变为四向箭头时，拖动鼠标，可以移动美术字的位置；把光标放在控制点的任何一角，拖动鼠标，可以实现美术字的放大和缩小，如图 2-41 所示；把光标放在控制点的中间一点，按住左键并拖动，可以将美术字拉长或压扁，如图 2-42 所示。

图 2-41 文本缩放效果图　　　　　图 2-42 拉长文本效果图

如果想实现较为精细的变换，可以运用"变换"泊坞窗。单击菜单"对象"→"变换"命令，选择其中任意一项，如"位置"，展开"变换"泊坞窗，如图 2-43 所示。在"变换"

泊坞窗中，有 5 个按钮，分别实现美术字的位置、旋转、缩放和镜像、大小、倾斜的调整。

（2）字符间距

选中文本对象，单击"形状工具" ⯈，光标变成 ⫿⫿⫿ 形状，移动光标至右边的控制点，按住鼠标左键并左右拖动，美术字的间距产生变化，如图 2-44 所示。当调整垂直排列的文本字符间距时，可以拖动左边的控制点拉大或缩小字符间距。

图 2-43　"变换"泊坞窗

图 2-44　调整字符间距效果图

（3）修饰美术字

在实际的设计工作中，仅依靠系统提供的字体进行设计是远远不够的，还需要设计师发挥更多的创意。把美术字转换为曲线，即把文本转换为图形，可将文本作为矢量图形进行各种造型上的改变，充分发挥设计师的想象力和创造力。

- 拆分美术字：为了更加灵活地修饰文本，可以把文本拆分成单个字符。选择文本对象，选择菜单"对象"→"拆分美术字"命令，或按 Ctrl+K 组合键，美术字文本被拆分成单个字符，可以对单个文字进行创意性编辑。

- 美术字转换为曲线：选择文本对象，选择菜单"对象"→"转换为曲线"命令，或按 Ctrl+Q 组合键，美术字文本就转换为矢量图形了。如图 2-45 所示，把文本对象转为曲线后，使用形状工具修改笔画的节点，并为某一笔画填充不同的颜色，增加了文字的形式感。

图 2-45　"美术字转为曲线"后改变字形效果图

- 拆分曲线：文本转换为矢量图形后仍是一个整体图形，如果要对单个笔画进行修饰，还要进一步拆分曲线。如图 2-46 所示，选择文本对象后，选择菜单"对象"→"拆分曲线"命令，或按 Ctrl+K 组合键，整体的文字图形拆分成若干闭合图形，删除"糖果"中某一笔画，以糖果图形替代，文字变得生动鲜活。

图 2-46　拆分曲线后改变笔画效果图

● 与图形结合：把文本和一个图形叠放在一起，同时选中文本和图形，选择菜单"对象"→"合并"命令。二者结合成一个图形，重叠部分呈现露底显白，如图 2-47 所示，文本自动转换为曲线。

图 2-47　文本与图形结合效果图

（4）美术字转换为段落文本

美术字文本与段落文本之间可以互相转换，在文本对象上右击，在弹出的菜单中，选择"转换为段落文本"命令，就将美术字转换为段落文本。

（5）使文本适合路径

在设计创作中，需要使文字与图形紧密结合，或者使文字以较为复杂的路径排列，可应用"使文本适合路径"命令。

① 先画一个图形或一条曲线，加选文本对象，选择菜单"文本"→"使文本适合路径"命令，文本便自动与路径切合，效果如图 2-48 所示。

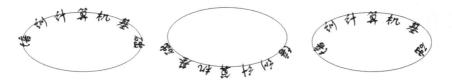

图 2-48　文本适合路径效果图

② 沿路径排列后的文字，可以在属性栏中修改其属性，以改变文字沿路径排列的方式。图 2-49 所示为文本在路径上不同位置的效果图。

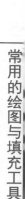

图 2-49　文本在路径上不同位置的效果图

● 文字方向下拉列表：设置文字在路径上的排列方向。
● 与路径的距离：设置文字在路径上排列后两者之间的距离。
● 水平偏移：设置文字起始点的偏移量。
● 镜像按钮：设置文字在路径上水平镜像或垂直镜像。

③ 调整好文字位置后，要把文字与路径分离。选择路径文字，选择菜单"对象"→"拆分在一路径上的文本"命令，文字便与路径分离。

④ 改变路径后的文字仍具有文字的基本属性，可以删除或添加文字、更改字体等。

（6）矫正文本

应用"使文本适合路径"命令后，如果需要撤销文字路径，先把文本和路径分离，再

常用的绘图与填充工具

选择路径文本，选择菜单"文本"→"矫正文本"命令，路径文本恢复原始状态，效果如图 2-50 所示。

图 2-50　矫正文本路径效果图

3. 段落文本

段落文本除基本属性选项外，还可以通过 "段落文本框"的使用，实现与图形的各种链接，下面进行重点介绍。

（1）文本框
- 选择"文本工具"，按住鼠标左键在窗口拖动，文本框显示状态如图 2-51 所示，可在其中直接输入文本。
- 取消文本框，选择菜单"文本"→"段落文本框"→"显示文本框"命令，取消该命令的复选标记即可。

（2）在图形内输入文本

在图形内输入文本可将文本输入自定义的图形内。以图 2-52 所示效果图为例，先绘制一个椭圆形或自定义一个封闭图形，选择"文本工具"命令，将光标移动到图形的轮廓线上，当光标变为垂直双箭头时，单击，在图形内出现一个椭圆形的文本框，可在文本框里输入文本。

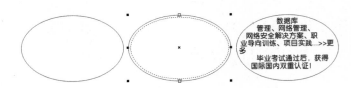

图 2-51　文本框显示状态　　　　图 2-52　在椭图形内输入文本效果图

（3）文本与图形的链接

文本还可以链接到图形中，以图 2-53 所示效果图为例，具体方法如下。

①　选中文本对象，把鼠标光标移动到文本框下方的 控制点上。

②　单击，光标变成 形状，把光标移动到图形对象上，光标变为 形状，单击图形，即可将文本链接到图形对象中。

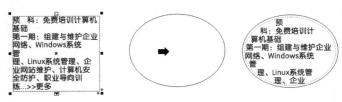

图 2-53　文本与图形链接效果图

（4）文本绕图排列

文本绕图排列是指文本沿图形的外轮廓进行各种形式的排列。以图 2-54 所示效果图为例，具体方法如下。

图 2-54　文本环绕图形效果图

① 在页面上输入段落文本，导入或绘制一个图形。

② 在图形上右击，弹出快捷菜单，选择"段落文本换行"命令，如图 2-55 所示。保持图形的选取状态，单击属性栏中的"段落文本换行"按钮，弹出下拉列表，选择绕图方式。

图 2-55　段落文本换行下拉列表

③ 将图形拖放到段落文本中，文本环绕图形效果图如图 2-55 所示。

注意：

文本绕图不能应用在美术字文本中，若需要使用此功能，必须先将美术字文本转换成段落文本。

案例3　我爱我家——房屋效果的绘制

✓ 案例描述

使用"矩形工具""贝塞尔工具""多边形工具""椭圆形工具""度量工具"及"对象属性"泊坞窗等绘制中国传统家园效果，"田家无四邻，独坐一园春"，最终效果如图 2-56 所示。

图 2-56　"我爱我家" 效果图

📢 案例解析

在本案例中，需要完成以下操作。

- 使用"矩形工具""贝塞尔工具"绘制房屋的外形，用"形状工具"进行调整。
- 使用"多边形工具""椭圆形工具"完成篱笆、大树和太阳的绘制。
- 使用"对象属性"泊坞窗对图形的轮廓和填充进行设置。
- 使用"度量工具"做尺寸的标注。

（1）双击 CorelDRAW 的快捷图标，或选择"开始"→"程序"→"CorelDRAW Graphics Suite X8"命令，启动 CorelDRAW 程序，然后选择菜单"文件"→"新建"命令，新建图像文件，然后按"Ctrl+S"组合键保存文件，命名为"房屋框架图"。

（2）绘制背景。单击工具箱中的"矩形工具"，绘制一个和页面一样大小的矩形。在"对象属性"泊坞窗中单击"填充"按钮，选择"渐变填充"，填充颜色设置为天空蓝色到白色的渐变，效果如图 2-56 所示。

（3）绘制房顶。选择"贝塞尔工具"，进行房顶绘制，然后用"形状工具"调整房顶的比例和透视关系，可以借助辅助线进行精确调整。在"对象属性"泊坞窗中单击"轮廓"按钮，将"轮廓宽度"设为"无"。上边房顶的填充颜色设置为 C:0 M:95 Y:100 K:0。中间房顶使用底纹填充，在"对象属性"泊坞窗中单击"填充"按钮，选择 "底纹填充"，选项设置如图 2-57 所示。房顶效果如图 2-58 所示。

图 2-57　底纹填充

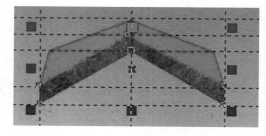

图 2-58　房顶效果

（4）绘制房屋墙面。选择工具箱中的"贝塞尔工具"，沿着房顶下沿绘制出一个三角，再借助辅助线，完成整体墙面的绘制。"轮廓宽度"设为"无"，"填充"选择"均匀填充"，

填充颜色为 C:5 M:5 Y:12 K:0, 效果如图 2-59 所示。

（5）绘制烟囱。使用"矩形工具"绘制一个长条的矩形，然后在矩形的属性工具栏中单击"同时编辑所有角"，确保 🔒 是打开的，设置 4 个圆角半径分别为 80mm、80mm、0mm、0mm，如图 2-60 所示。"填充"选择"均匀填充"，将填充色设置为房顶的颜色。再绘制一个矩形，"轮廓宽度"设为"无"，"填充"选择"均匀填充"，填充颜色为 C:18 M:22 Y:38 K:0，效果如图 2-61 所示。

图 2-59　房屋墙面效果

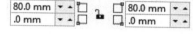

图 2-60　烟囱角的设置

图 2-61　烟囱效果

（6）将绘制好的烟囱放到房顶上方，调整和房顶图形的位置。

（7）单击"矩形工具" □，绘制一个长条的矩形，宽度和房屋主体一致，填充颜色为 C:18 M:22 Y:38 K:0，放到房屋的底部。

（8）绘制窗户。使用"矩形工具"，借助辅助线，绘制 4 个大小一样的正方形，"轮廓宽度"设为"无"，"填充"选择"均匀填充"，填充颜色为黑色，效果如图 2-62 所示。

（9）绘制窗框，效果如图 2-63 所示。使用"矩形工具"，在 4 个窗户的间隙之间，分别绘制一个竖向的长方形和一个横向的长方形。"轮廓宽度"设为"无"，"填充"选择"底纹填充"，选择底纹样式，如图 2-64 所示。单击"编辑填充"按钮，在打开的对话框中设置底纹颜色和"变换"角度，最终效果如图 2-63 所示。

图 2-62　窗户效果

图 2-63　窗框效果

（10）绘制窗台。使用"贝塞尔工具"绘制两个梯形，"轮廓宽度"设为"无"，并进行底纹填充，效果如图 2-65 所示。

（11）组合窗户。选中窗户的各个组成部分，右击，选择"组合对象"，将窗户组合成一个整体，调整窗户在墙上的位置。

（12）绘制门。用绘制窗户的同样方法和工具绘制一个门，效果如图 2-66 所示。

（13）绘制草丛。使用"手绘工具"绘制草丛的轮廓，使用"形状工具"进行轮廓调整，在"对象属性"泊坞窗中，将"轮廓宽度"设为"无"，"填充"选择"渐变填充"，设置为绿色到黄色的渐变，"变换"中的"旋转"设置为"-90"。把草丛放到墙角处，最终

效果如图 2-67 所示。

图 2-64　底纹填充

图 2-65　窗台效果

图 2-66　门的效果

图 2-67　草丛效果

（14）绘制篱笆条。使用"多边形工具"，在属性栏中将"边数"设为"3"，绘制一个三角形。在三角形下方，使用矩形工具，绘制一个宽度和三角形底边宽度一样的长方形。选中三角形和长方形，右击，选择"合并"。将"轮廓宽度"设为"无"，"填充"选择"均匀填充"，填充颜色为白色。单个篱笆条完成，最终效果如图 2-68 所示。

（15）绘制篱笆。复制多个篱笆条，借助辅助线，使多个篱笆条底端对齐、均匀分布在房屋左侧。使用"矩形工具"绘制两个横向的篱笆条，"轮廓宽度"设为"无"，"填充"选择"均匀填充"，填充颜色为白色。篱笆的最终效果如图 2-69 所示。

图 2-68　单个篱笆条

图 2-69　篱笆的最终效果

（16）绘制两棵大树。使用"矩形工具"绘制树干，"轮廓宽度"设为"无"，"填充"选择"均匀填充"，填充颜色为褐色。使用"椭圆形工具"绘制树冠，"轮廓宽度"设为"无"，"填充"选择"均匀填充"，填充颜色为绿色。将两棵树放于房屋右侧合适位置，效果如图 2-70 所示。

（17）绘制太阳。选择"星形工具"，属性栏中的"边数"设为"10"，绘制一个十角星。再选择"椭圆形工具"，按住 ctrl 键同时拖曳鼠标，绘制一个正圆形。圆形和星星的

中心对齐，同时选中这两个图形，单击工具栏中的"移除前面对象"按钮，形成如图 2-71 所示的效果。"轮廓宽度"设为"无"，"填充"选择"均匀填充"，填充颜色为 C:7 M:15 Y:61 K:0。再使用"椭圆形工具"绘制一个小一点的正圆形，中心对齐上一个圆形，"轮廓宽度"设为"无"，"填充"选择"均匀填充"，填充颜色为 C:7 M:15 Y:61 K:0。最终效果如图 2-72 所示。

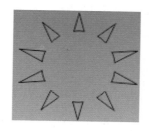

图 2-70　大树效果　　　　图 2-71　太阳轮廓　　　　图 2-72　太阳效果

（18）单击工具箱中的"水平或垂直度量"工具，在要测量标注的对象水平或垂直边缘线上单击，拖动鼠标至另一边的边缘点松开，出现标注线后，在标注线的垂直方向上拖动标注线，调整好与对象之间的距离后单击，系统将自动添加水平或垂直距离的标注。使用"选择工具"选择标注中的文本对象，在属性栏中设置标注文字的字体、字号及文本方向等。按以上方法对房屋中的各区域进行测量，如图 2-73 所示。

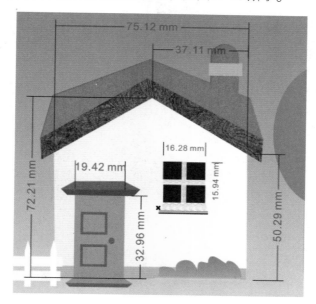

图 2-73　添加尺度的效果

（19）另存为"我爱我家"，并导出 JPG 格式。

常用的绘图与填充工具

2.9 填充方式

选择需要进行填充的图形，打开"对象属性"泊坞窗，在"填充"项目中单击不同的按钮，就可以选择不同的方式进行填充。常见的填充方式有"无填充""均匀填充""渐变填充""向量图样填充""位图图样填充""双色图样填充""底纹填充""PostScript填充"。

1. 均匀填充

"均匀填充"工具为对象进行单色填充。选择需要填充颜色的对象，在"对象属性"泊坞窗中单击"均匀填充"按钮▇，在展开的选项卡中可以选择"显示颜色滑块"▇、"显示颜色查看器"▇、"显示调色板"▇三种方式来设置颜色，如图2-74所示。选择好颜色后，填充对象即可被填充上选择的颜色。

图2-74 "显示颜色滑块""显示颜色查看器""显示调色板"选项卡

2. 渐变填充

渐变填充可为对象增加两种或两种以上的平滑渐进的色彩效果。渐变填充方式是设计中非常重要的技巧，用来表现对象的质感及非常丰富的色彩变化和层次等。打开"对象属性"泊坞窗，单击"填充"选项组中的"渐变填充"按钮，即可展开"渐变填充"选项卡。

（1）渐变类型

在"渐变填充"选项卡中，有4个渐变类型按钮，分别是"线性渐变填充"▇、"椭圆形渐变填充"▇、"圆锥形渐变填充"▇、"矩形渐变填充"▇。选择不同的渐变类型进行填充，就会得到不同的渐变填充效果，如图2-75所示。

（2）颜色频带

颜色频带用于设置渐变起始节点、结束节点及其他所有节点的颜色，如图2-76所示。单击颜色频带上的节点后，单击"节点颜色"右边的倒三角形图标，在弹出的界面中，可以为节点设置新的颜色。

图 2-75 "渐变填充"的 4 个效果

如果需要在颜色频带上添加颜色节点，将鼠标光标指向要添加节点的位置并双击，即可在该位置添加颜色节点，如图 2-77 所示。此外，还可以为节点指定不透明度和位置。

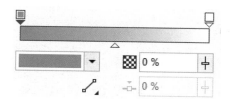

图 2-76 "渐变填充"中的颜色频带

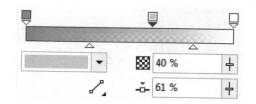

图 2-77 添加颜色节点

（3）调和过渡

"调和过渡"选项组用于设置渐变调和与颜色过渡效果，可以根据需要指定颜色节点之间的颜色调和方式，创建更加平滑的颜色过渡。单击"渐变填充"选项卡下方的三角形按钮，展开"调和过渡"选项组，如图 2-78 所示。

（4）变换

"变换"选项组主要用于调整填充变换效果，如图 2-79 所示。其中，"填充宽度"和"填充高度"选项用于指定渐变填充的宽度和高度；"水平偏移"和"垂直偏移"选项可以上下或左右移动填充的中心；"倾斜"选项用于设置以指定的角度倾斜填充；"旋转"选项可指定沿顺时针方向或逆时针方向旋转颜色渐变填充图形。

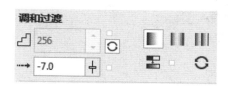

图 2-78 "调和过渡"选项组

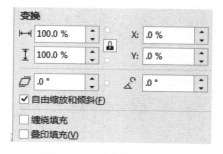

图 2-79 "变换"选项组

3. 图样填充

"图样填充"是在图形中间以各种类型的图案或位图进行填充。图样的填充类型共有 3 种，通过单击不同的工具按钮进行切换，分别为"向量图样填充"▦、"位图图样填充"▨、"双色图样填充"◪。可以通过设置来调整所填内容的颜色、高度等，还可以在填充后应用"透明度工具"重新设置图形的透明度。

"向量图样填充"由多种交错的图案进行组合，如图 2-80 所示。"位图图样填充"以位图为单位对图形进行填充，可以对位图的高度及宽度等进行重新设置，如图 2-81 所示。

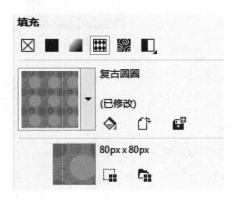

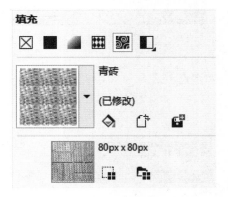

图 2-80　"向量图样填充"选项组　　　　图 2-81　"位图图样填充"选项组

"双色图样填充"使用选择的图案进行填充，填充图案只包括选定的两种颜色，如图 2-82 所示。之后，可以运用"调和过渡"选项组和"变换"选项组来调整填充效果。

4. 底纹填充

底纹填充提供 CorelDRAW 预设的底纹样式，底纹样式模拟了自然景物，可赋予对象生动的自然外观。"底纹填充"选项组如图 2-83 所示。

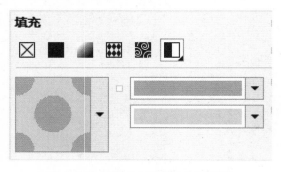

图 2-82　"双色图样填充"选项组　　　　图 2-83　"底纹填充"选项组

（1）底纹库

选项组右侧的下拉列表是"底纹库"选项。底纹库共有 7 个纹样组，每个纹样组下设若干底纹样式。各纹样组呈现不同风格，有模拟自然的、人工创造物的，还有许多奇异的抽象图案。

（2）底纹列表

选择某纹样组，左侧的底纹列表列出相应的底纹样式，可根据设计对象的不同质感选择不同的底纹。

5. PostScript 填充

PostScript 填充是使用 PostScript 语言设计的特殊纹理填充。有些底纹非常复杂，因此打印或显示用 PostScript 底纹填充的对象时，用时较长。单击 PostScript 填充工具，打开 PostScript 填充对话框，选择任一底纹，参数选项会列出与之相配的各种选项，修改参数数值，可以改变底纹样式，PostScript 填充对话框和设置不同参数后的不同效果如图 2-84 所示。

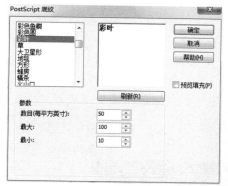

图 2-84　PostScript 填充对话框和设置不同参数后的不同效果

2.10　智能填充工具

智能填充工具为对象的颜色填充提供了更多的可能，智能填充工具不仅能填充局部颜色和轮廓颜色，还能对有闭合线条包围的空白区域进行填充。选择智能填充工具，属性栏显示相应的选项，如图 2-85 所示。下面以图 2-86 所示效果图为例，介绍智能填充工具的使用方法。

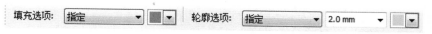

图 2-85　智能填充工具的属性栏

图 2-86　使用智能填充工具效果图

（1）用星形工具和椭圆形工具画一个五角星和一个圆形，把两个图形重叠在一起。

（2）选择智能填充工具，在属性栏中填充选项的颜色框里选择颜色，单击任一有闭合线条包围的区域进行填充。

（3）在属性栏中轮廓选项的颜色框里选择颜色，选择粗细合适的轮廓线，单击任一局部，可添加各种颜色的轮廓线。

（4）每个新色块都是一个新图形，可以任意拖动。

2.11 滴管工具组

1. 颜色滴管工具

颜色滴管工具用来吸取颜色。在工具箱中选中"颜色滴管工具"，在属性栏中进行相关设置，之后在窗口中移动鼠标，光标所在处显示当前的颜色信息，如图 2-87 所示，此时单击即可吸取颜色。将光标移到需要填充颜色的区域，再次单击，即可将吸取的颜色填充到该区域。

图 2-87　光标所在处显示当前的颜色信息

颜色滴管工具属性栏主要用于设置所吸取颜色或者对象的属性，如图 2-88 所示。

图 2-88　颜色滴管工具的属性栏

（1）"选择颜色" 和 "应用颜色"

单击"选择颜色"按钮后，可在图中单击吸取图形颜色。单击"应用颜色"按钮后，在图中单击，可将吸取的颜色填充到当前图形中。在操作时，使用颜色滴管工具吸取颜色后，将自动切换到"应用颜色"状态。

（2）从桌面选择

按下该按钮后，可对应用程序外的颜色进行取样。取消该按钮，只能在 CorelDRAW 的

绘图窗口中进行颜色取样。

（3）设置取样区域

单击"1×1"按钮 🖊，可对单像素颜色进行取样；单击"2×2"按钮 🖊，可对 2 像素×2 像素区域中的平均颜色值进行取样；单击"5×5"按钮 🖊，可对 5 像素×5 像素区域中的平均颜色值进行取样。

（4）所选颜色

用于显示"颜色滴管工具"当前取样到的颜色。

（5）添加到调色板

单击"添加到调色板"按钮或单击其右侧的三角形按钮，即可将当前取样到的颜色添加到"文档调色板"或当前打开的调色板中。

2. 属性滴管工具

属性滴管工具用于复制对象的属性，如填充、轮廓和大小等，并可将其应用到其他对象上。属性滴管工具与颜色滴管工具的操作方法相同，单击吸取对象的属性，之后，自动切换至"应用对象属性"模式，再次单击可将吸取的对象属性应用到新对象上。

选择属性滴管工具后，可在其属性栏中对工具的各项属性进行设置，如图 2-89 所示。

图 2-89　属性滴管工具的属性栏

（1）属性。用于设置吸取的对象的属性。在"属性"下拉列表中包含"轮廓""填充"和"文本"3 个选项，分别用于吸取对象的轮廓、填充和文本属性。

（2）变换。其中包含"大小""旋转"和"位置"3 个选项，分别用于设定填充对象的大小、旋转角度和位置。

（3）效果。主要包括使用交互式工具对图形进行编辑的效果，其常见的选项都与交互式填充工具相关。

2.12　交互填充工具组

交互填充工具组如图 2-90 所示，包括交互式填充工具和网状填充工具，使用更加方便，效果也更加多变。

图 2-90　交互填充工具组

常用的绘图与填充工具

1. 交互式填充工具

交互式填充工具的填充方式包括无填充、均匀填充、渐变填充、向量图样填充、位图图样填充、双色图样填充、底纹填充、PostScript 填充。选择交互式填充工具后，如"双色图样填充"工具，可以直接在属性栏中设置填充参数，如图 2-91 所示。

图 2-91　交互式填充工具的属性栏

也可以在对象上直接拖动控制框的各个控制点，更加直观地进行调整，如图 2-92 所示。

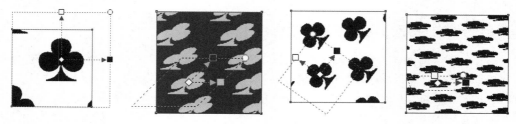

图 2-92　交互式填充工具的控制框

2. 网状填充工具

交互式网状填充工具可以实现复杂多变的渐变填充效果，通过网格数量的设定和网格形状的调整，让各个填充色自由融合。使用交互式网状填充工具，通过操作属性栏中的各个选项来实现，如图 2-93 所示。

图 2-93　网状填充工具的属性栏

- 网状填充工具可在属性栏的网格数量框内调整网格数量，从而增加填充色的复杂程度。
- 在属性栏的节点编辑框内选择网格的节点样式，通过调整节点来修整填充色的形状和位置。
- 可以单击节点填充颜色，也可以在网格内点击，出现一个控制点，再填充颜色，如图 2-94 所示。

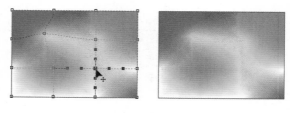

图 2-94　用网状填充工具填充效果图

2.13 度量工具组

度量工具组主要有 5 种工具，分别为"平行度量工具""水平或垂直度量工具""角度量工具""线段度量工具"和"3 点标注工具"。

1. 平行度量工具

用于测量图形中两条平行线之间的距离。单击工具箱中的"平行度量工具"按钮，在图中需要测量距离的一端单击，然后拖动鼠标到另一端，单击并移动鼠标，即可测量出这两条平行线之间的距离，如图 2-95 所示。

2. 水平或垂直度量工具

用于测量水平或垂直方向两点之间的长度。单击工具箱中的"水平或垂直度量工具"按钮，如果需要进行水平测量，则在水平方向单击并拖动鼠标，即可测量出两点之间的水平距离；如果需要进行垂直测量，则在垂直方向单击并拖动鼠标，如图 2-96 所示。

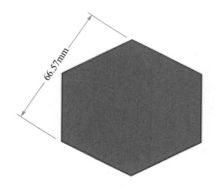

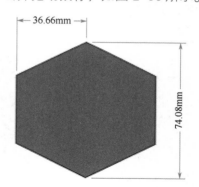

图 2-95　平行度量效果　　　　　　　　图 2-96　水平或垂直度量效果

3. 角度量工具

用于测量图形的角度。单击工具箱中的"角度量工具"按钮，在图中单击，确认中心位置，然后沿着需要测量的角的一边拖动鼠标，此时会显示出一条直线，随意移动鼠标到测量的终点，单击，可显示出测量的角的度数，如图 2-97 所示。

4. 线段度量工具

专门用于测量线段上节点间的距离。单击工具箱中的"线段度量工具"按钮，移动鼠标到一条线段上，单击并移动鼠标，即可测量出线段的长度，如图 2-98 所示。

图 2-97 角度的度量效果

图 2-98 线段度量效果

5. 3 点标注工具

通过应用两段导航线绘制出带箭头的折线，并且可以在线段终点处添加标注文字。单击工具箱中的"3 点标注工具"按钮，在图形中需要添加标注的位置单击，然后移动并单击，绘制出一条导航线，再次移动并单击，在闪烁的光标处添加标注文字，即可完成标注，如图 2-99 所示。

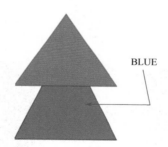

图 2-99 3 点标注效果

2.14 裁剪工具组

在 CorelDRAW 中，利用裁剪工具组可以对图形进行各种裁剪和修改处理，裁剪工具组共有4个工具，即"裁剪工具""刻刀工具""橡皮擦工具"和"虚拟段删除工具"。

1. 裁剪工具

选择裁剪工具，在绘图窗口中拖曳一个矩形，创建裁剪框。设置完成后双击裁剪框内部，裁剪框以外的部分将被剪掉，裁剪框内的图形被保留。可以通过控制点调整裁剪框大小，和矩形工具的用法一样。

2. 刻刀工具

刻刀工具可以将图形切割为多个图形，有"2 点线模式""手绘模式""贝塞尔模式"3 种切割图形的方式，可在其属性栏中设置。切割图形时，还可以设置生成的新对象之间的间隙，或者使新对象重叠。

3. 橡皮擦工具

橡皮擦工具可以通过单击或涂抹的方式擦除不需要的图形。应用橡皮擦工具擦除图形时，还可以调整橡皮擦笔尖大小或形状，以完成更为准确的图形擦除工作。

4. 虚拟段删除工具

虚拟段删除工具可以删除画面中与所选框区域交叉重叠的部分，保留选框之外未重叠的部分。该工具不能对位图图像进行编辑，只能用于矢量图形。选择该工具后，在要删除的图形上拖曳，释放鼠标后，即可将框选部分的对象删除。

2.15 轮廓工具组

轮廓工具组可以为对象的轮廓线设置宽度、颜色、样式和箭头等属性，如图 2-100 所示,轮廓工具组包括轮廓笔、无轮廓及几种不同宽度的轮廓线。

1. "轮廓笔"工具

单击轮廓工具组中的"轮廓笔"按钮，或按 F12 键，弹出"轮廓笔"对话框，如图 2-101 所示。

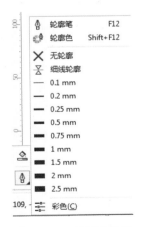

图 2-100　轮廓工具组

图 2-101　"轮廓笔"对话框

（1）"颜色"下拉列表

打开轮廓笔中的"颜色"选项的下拉列表，如图 2-102 所示，可以根据需要选择轮廓线的颜色，还可单击下端的"其他"，弹出调色板，调整所需的颜色。

（2）"宽度"选项栏

"宽度"选项栏包括"宽度"下拉列表和"单位"下拉列表，如图 2-103 所示，可以在"宽度"下拉列表中选择各种宽度的轮廓线，也可自定义轮廓线宽度。"单位"下拉列表里有多种单位，可根据对象需要设定。

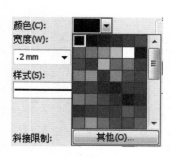

图 2-102　"颜色"下拉列表

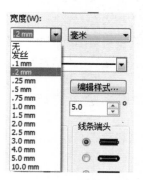

图 2-103　"宽度"选项栏

（3）"样式"下拉列表

"样式"下拉列表中预设了多种轮廓线样式，如图 2-104 所示；也可以打开"编辑样式"按钮，打开"编辑线条样式"对话框，自定义轮廓线样式。

（4）"箭头"选项组

可以设置轮廓线的箭头样式，如图 2-105 所示。

图 2-104　"样式"下拉列表

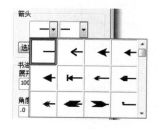

图 2-105　"箭头"选项组

（5）"角"选项组

"角"选项组是设置线条拐角形状的选项。角选项有尖角、圆角、平角 3 种形状，如图 2-106 所示。对较为尖锐的拐角，选择尖角形状拐角处会向外偏移，所以一般选用圆角，这样可以避免拐角偏移。

（6）"线条端头"选项组

"线条端头"选项组用来设置线条端头的效果，如图 2-106 所示，不同"角"的效果如图 2-107 所示。

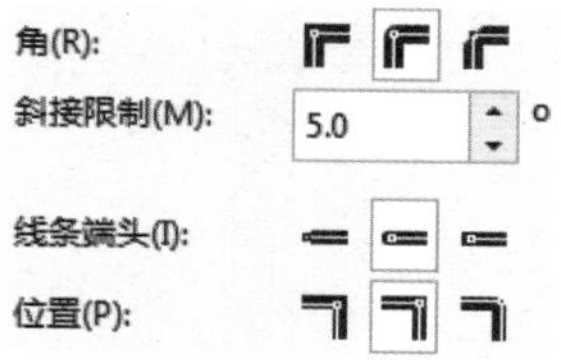

图 2-106 “角”和“线条端头”选项组

图 2-107 不同“角”的效果

（7）“书法”选项组

对“书法”样式的各属性进行设置，包括“笔尖形状”“展开文本框”和“角度文本框”，如图 2-108 所示。

（8）“填充之后”和“随对象缩放”复选框

勾选“填充之后”复选框可以弱化轮廓线，更加突出对象的形状，前后的对比效果如图 2-109 所示。勾选“随对象缩放”复选框缩放对象时，轮廓线的宽度也随之改变。

图 2-108 “书法”选项组

图 2-109 “填充之后”前后的对比效果

2. 无轮廓

对象不需要轮廓线，可以在轮廓工具组中单击“无轮廓”✕。

3. 细线和不同宽度的轮廓线

（1）在设计画稿初期运用细线，随着设计的深入，根据需要为对象选择无轮廓或各种宽度的轮廓线。

（2）可直接选择各种宽度的轮廓线，也可打开“轮廓笔”对话框设置自定义宽度数值。

思考与实训

一、填空题

1．“贝塞尔工具”主要用来绘制________、________的曲线。通过改变________和

_____的位置来控制曲线的弯曲度，达到调节直线和曲线形状的目的。

2．曲线是由_____和_____组成的，节点是对象造型的关键，运用_____工具调整图形对象的造型也可以随意添加节点或删除节点。

3．CorelDraw 为用户提供了 3 种节点编辑形式：_____、_____、_____。这 3 种节点可以相互转换，实现曲线的变化。

4．轮廓笔快捷键是_____。

5．常见的填充方式包括均匀填充、_____、_____、_____、_____、_____、PostScript 填充、无填充。

6．渐变填充类型主要包括线性渐变、_____、_____、矩形渐变模式。

7．智能填充工具不仅能填充对象局部颜色和轮廓颜色，还能对有闭合线条包围的_____区域进行颜色和轮廓颜色的填充。

8．轮廓工具可以对对象的轮廓设置 _____、_____、样式和箭头等属性。

9．在工具栏中双击"矩形工具"，_____。按住_____拖动鼠标，可绘制正方形，按住_____拖动鼠标，绘制以单击点为中心的矩形；按住_____拖动鼠标，则绘制以单击点为中心的正方形。

10．应用"使文本适合路径"命令后，如果需要撤销改变的文字路径，选择与路径分离后的路径文字，选择"文本"菜单_____命令，路径文字即刻恢复原始状态。

二、上机实训

1．使用"矩形工具""填充工具""智能填充工具""轮廓笔工具"等绘制"画框中的小青蛙"，效果如图 2-110 所示。

2．使用"贝塞尔工具""形状工具""文本工具"等工具和"对象属性"泊坞窗设计"父亲节贺卡"，效果如图 2-111 所示。

图 2-110　"画框中的小青蛙"效果图

图 2-111　"父亲节贺卡"效果图

三、拓展练习

制作教室的房屋平面图。

模块 3

图形的编辑与管理

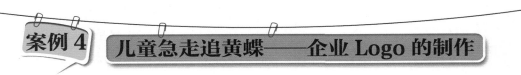

案例 4　儿童急走追黄蝶——企业 Logo 的制作

✅ 案例描述

　　使用"椭圆形工具""矩形工具"绘制 Logo 中的基本形状，灵活运用 "合并（焊接）""移除前面对象"命令和"形状工具"对图形进行调整，运用"对象属性"泊坞窗对图形的轮廓和填充进行设置，运用"文本工具"输入文字，形成最终的 Logo 图形效果，将古诗"儿童急走追黄蝶"的意境渗透其中，最终效果如图 3-1 所示。

图 3-1　"小跑人"Logo 效果图

🔊 案例解析

　　在本案例中，需要完成以下操作。

- 使用"椭圆形工具"和"对象属性"泊坞窗绘制最外圈的圆。
- 使用"椭圆形工具"，借助辅助线，绘制出同心圆，形成脸部轮廓。
- 使用"形状工具""矩形工具""2 点线工具"和"合并（焊接）""移除前面对象"

命令绘制出帽子。

- 使用"椭圆形工具""矩形工具"和"移除前面对象"命令绘制出嘴巴和眼睛。
- 使用"文本工具"形成文字。
- 使用"对象属性"泊坞窗进行各部分轮廓和填充的设置。

（1）选择菜单"文件"→"新建"命令，打开"创建新文档"对话框，单击"确定"按钮，创建一个名称为"小跑人"的新文档。

（2）绘制一个正圆。使用选择工具，从顶部标尺向下拖动，从左侧标尺向右拖动，形成两条相互垂直的辅助线。使用"椭圆形工具"，以辅助线的相交点为圆心，同时按住 Ctrl 键和 Shift 键，绘制一个正圆，如图 3-2 所示。

（3）修改圆的轮廓宽度和颜色。打开"对象属性"泊坞窗，设置"轮廓宽度"为 2mm，"轮廓颜色"为 R:164 G:199 B:54，如图 3-3 所示。

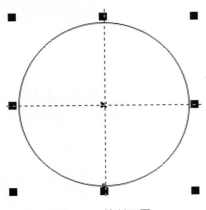

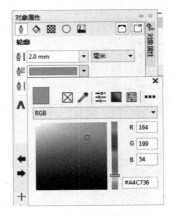

图 3-2　绘制正圆　　　　　　　　　图 3-3　设置圆的轮廓

（4）绘制脸轮廓。在刚绘制的圆的内部，绘制一个同心圆。打开"对象属性"泊坞窗，设置"轮廓宽度"为 4mm，"轮廓颜色"为 R:164 G:199 B:54，如图 3-4 所示。

（5）绘制帽檐。使用"矩形工具"绘制一个矩形，使用"形状工具"拖动某一个角，形成帽檐的形状。打开"对象属性"泊坞窗，设置"轮廓宽度"为 4mm，"轮廓颜色"为 R:164 G:199 B:54，调整该矩形的位置和大小，如图 3-5 所示。使用"选择工具"，按住 Shift 键，同时选中内圆和矩形，单击属性栏中的"合并（焊接）"按钮，形成帽檐，如图 3-6 所示。

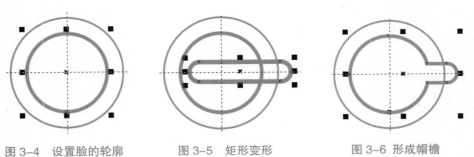

图 3-4　设置脸的轮廓　　　图 3-5　矩形变形　　　图 3-6　形成帽檐

（6）绘制帽子。借助辅助线，使用"2 点线工具"绘制一条直线，设置"轮廓宽度"

为 4mm，"轮廓颜色"为 R:164 G:199 B:54，形成帽子，如图 3-7 所示。选择"智能填充工具"，在属性栏中，设置"填充颜色"为 C:15 M:0 Y:87 K:0，"轮廓宽度"为 4mm，"轮廓颜色"为 R:164 G:199 B:54，单击帽子空白区域，填充为黄色，如图 3-8 所示。使用"矩形工具"绘制帽尖，"轮廓宽度"为"无"，"填充颜色"为 R:164 G:199 B:54，完成帽子的绘制，如图 3-9 所示。

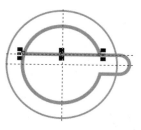
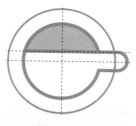
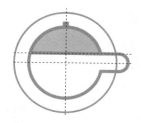

图 3-7　形成帽子　　　图 3-8　填充帽子颜色　　　图 3-9　完成帽子的绘制

（7）绘制嘴巴。在刚绘制的圆脸的内部，再绘制一个同心圆。打开"对象属性"泊坞窗，设置"轮廓宽度"为 4mm，"轮廓颜色"为 R:239 G:126 B:45，如图 3-10 所示。使用"矩形工具"，沿帽檐下方，绘制一个矩形，轮廓宽度和颜色同最后绘制的同心圆，如图 3-11 所示。使用"选择工具"，同时选中矩形和同心圆，单击属性栏中的"移除前面对象"按钮，形成嘴巴效果，如图 3-12 所示。

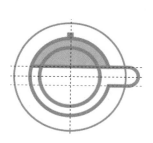
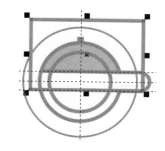
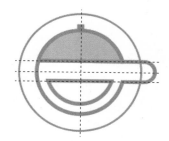

图 3-10　绘制同心圆　　　图 3-11　绘制矩形　　　图 3-12　形成嘴巴

（8）绘制眼睛。使用"椭圆形工具"绘制一个正圆，复制出另一个圆，复制的圆向下移动位置，如图 3-13 所示。使用"选择工具"同时选中这两个圆，单击属性栏中的"移除前面对象"按钮，形成笑眯眯的眼睛，如图 3-14 所示。设置眼睛的"轮廓宽度"为"无"，"填充颜色"为 R:239 G:126 B:45，复制出另一只眼睛，如图 3-15 所示。将眼睛放到合适的位置。

图 3-13　两个圆　　　图 3-14　形成眼睛轮廓　　　图 3-15　形成眼睛

（9）输入文字。选择"文本工具"，在图形的下方输入"小跑人"，在属性栏中设置字体为"方正舒体"，大小为"100pt"，最终效果如图 3-1 所示。

（10）保存文件。

案例5 淡泊宁静——"荷塘月色"效果的设计

☑ 案例描述

运用"转换为曲线"命令形成花瓣与荷叶，灵活运用"变换"泊坞窗和"顺序"命令对花瓣和荷叶进行管理，形成月色下静谧的荷塘效果，传达出"淡泊明志，宁静致远"的意境，最终效果如图3-16所示。

图3-16 荷塘月色

🔊 案例解析

在本案例中，需要完成以下操作。

- 使用"矩形工具"和"渐变填充工具"绘制夜幕背景。
- 使用"椭圆形工具""形状工具"，通过"转换为曲线"命令绘制出荷叶和荷花瓣。
- 使用"变换"泊坞窗中的"缩放和镜像"命令完成荷塘的绘制。
- 使用"顺序""群组"命令和"变换"泊坞窗绘制出荷花。
- 使用"底纹填充工具""矩形工具""椭圆形工具"绘制出莲蓬。
- 使用"椭圆形工具"和"填充工具"形成月亮。

（1）选择菜单"文件"→"新建"命令，打开"创建新文档"对话框，设置参数如图3-17所示，单击"确定"按钮，创建一个名称为"荷塘月色"的新文档。

（2）使用"矩形工具"绘制一个与页面大小一致的矩形。打开"对象属性"泊坞窗，"轮廓宽度"为"无"，"填充"选择"渐变填充"中的"线性渐变填充"，设置起点颜色为C:100 M:91 Y:64 K:41，末点颜色为C:58 M:0 Y:0 K:0，"变换"中的"旋转"为270°，形成深蓝色到浅蓝色渐变的池塘夜幕效果，参数设置如图3-18所示。选中背景矩形，右击，选择"锁定对象"命令，使其不会受到以后操作的影响。

（3）选择"椭圆形工具"，在其属性栏中选择"饼图"，起始角度为15°，结束角度为345°，在页面中拖动鼠标，绘制出荷叶的大致轮廓。选择菜单"排列"→"转换为曲线"命令，用"形状工具"在荷叶轮廓线上进行调整，形成荷叶的最终轮廓，如图3-19所示。

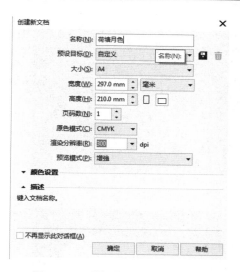

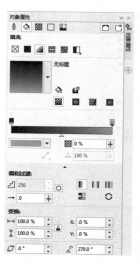

图 3-17 "创建新文档"对话框　　　　　　图 3-18 "线性渐变填充"的设置

（4）打开"对象属性"→"填充"泊坞窗，选择"渐变填充"中的"线性渐变填充"，对荷叶进行填充，起点颜色为C:93 M:51 Y:100 K:23，末点颜色为C:49 M:0 Y:68 K:0，"轮廓宽度"为"无"。复制出一个新荷叶，修改轮廓宽度为0.2mm，轮廓颜色为白色。稍微向上移动新荷叶的位置，使荷叶出现立体效果，如图3-20所示。选中这两片荷叶，右击，选择"组合对象"命令。

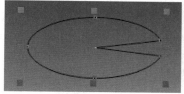

图 3-19 荷叶轮廓的形成图　　　　　　　图 3-20 荷叶立体效果

（5）选择菜单"对象"→"变换"→"缩放和镜像"命令，弹出"变换"中的"缩放和镜像"泊坞窗，单击"水平镜像"按钮，取消勾选"按比例"复选框，"X"为"95.0"，"Y"为"90"，"副本"为"1"，如图3-21所示。单击"应用"按钮，形成一个新荷叶。用同样的方法，形成其他2个荷叶，并调整荷叶的位置，如图3-22所示。然后，选中所有荷叶，右击，选择"锁定对象"命令，锁定所有荷叶。

（6）使用"椭圆形工具"在页面中绘制一个椭圆，选择菜单"对象"→"转换为曲线"命令，使用"形状工具"，选中椭圆左端节点，右击选择"尖突"，调整其方向线，形成荷花花瓣轮廓，如图3-23所示。对花瓣进行线性渐变填充，起点颜色为C:0 M:40 Y:20 K:0，末点颜色为C:0 M:0 Y:0 K:0，轮廓宽度为0.2mm，轮廓颜色为白色。

（7）单击花瓣，周围出现弧形箭头时，拖动中心点至花瓣右侧中心位置，如图3-24所示。选择菜单"排列"→"变换"→"旋转"命令，弹出"变换"泊坞窗的"旋转"对话框，如图3-25所示。设置旋转角度为"-30"，"副本"为"1"，勾选"相对中心"复选框，单击"应用"按钮，复制出另外一片花瓣。用同样的方法，复制出第3、4片花瓣，如图3-26所示。

图形的编辑与管理

059

图 3-21　"变换-缩放和镜像"泊坞窗

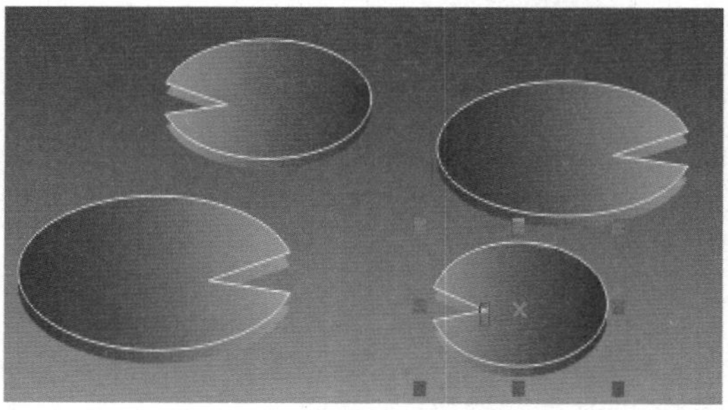

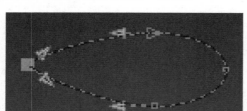

图 3-22　最终的荷叶效果

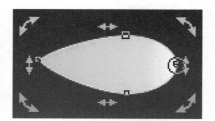

图 3-23　调整荷花花瓣轮廓

图 3-24　拖动中心点靠右

图 3-25　"变换-旋转"泊坞窗

图 3-26　花瓣复制后

（8）选择第 2 片花瓣，右击，选择"顺序"→"置于此对象后"命令，光标成了黑色箭头，单击第 1 片花瓣，就将花瓣 2 放在了花瓣 1 之后。用同样的方法，让花瓣 3 在花瓣 2 之后，花瓣 4 在花瓣 3 之后，如图 3-27 所示。

（9）选中花瓣 1、2、3，右击，选择"组合对象"命令，再在"变换"中的"缩放和镜像"泊坞窗中，单击"水平镜像"按钮，设置"副本"为"1"，大小比例为"100"，单击"应用"按钮，形成对称的 3 片荷花瓣，移动其到合适位置，如图 3-28 所示。

（10）选中花瓣 4，在"变换"中的"缩放和镜像"泊坞窗中，单击"垂直镜像"按钮，设置"副本"为"1"，大小比例为"100"，单击"应用"按钮，形成最后一片花瓣，右击，选择"顺序"→"到图层前面"命令，将其置于最上方。然后，移动到合适位置，并调整其大小，如图 3-29 所示。选中所有花瓣，右击，选择"组合对象"命令，将荷花组合为一个整体，调整荷花大小。选中荷花，右击，选择"锁定对象"命令，锁定荷花。

图 3-27　调整花瓣顺序后

图 3-28　复制出对称的三片花瓣

（11）绘制莲蓬。使用"矩形工具"绘制一个矩形，在"对象属性-轮廓"泊坞窗中，设置"轮廓颜色"为黑色。在"对象属性-填充"泊坞窗中，选择"均匀填充"，填充为黄色。再使用"椭圆形工具"绘制一个与矩形等长的椭圆，在"对象属性-填充"泊坞窗中，选择"底纹填充"，填充底纹如图 3-30 所示，轮廓为黑色。选中矩形和椭圆，右击，选择"组合对象"命令。

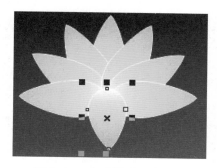

图 3-29　完成最后一片花瓣

图 3-30　莲蓬

（12）选择菜单"对象"→"锁定"→"对所有对象解锁"命令。选中荷花，右击，选择"取消组合所有对象"命令。拖动莲蓬到荷花的中心位置处，调整莲蓬的大小，右击，选择"顺序"→"置于此对象后"命令，将莲蓬置于最后一片花瓣的下方，形成最终的荷花效果，如图 3-31 所示。

图 3-31　最终的荷花效果

（13）选中荷花的所有组成部分，选择"组合所有对象"命令，形成一个整体。复制出另外 2 朵荷花，调整 3 朵荷花的大小和位置。

（14）使用"椭圆形工具"在页面的右上方绘制一轮满月，填充为黄色，形成最终效

图形的编辑与管理

果图。

（15）保存文件。

3.1 选择

1. 选择一个对象

单击工具箱中的"选择工具" ，在对象上单击，即可选中；也可使用"选择工具"在要选取的对象周围单击，按住鼠标左键并拖动，可将选框覆盖区域中的对象选中。

2. 选择多个对象

单击工具箱中的"选择工具" ，按住 Shift 键单击要选择的每个对象。

3. 选择所有对象

选择菜单"编辑"→"全选"→"对象"命令，也可以按 Ctrl+A 组合键或双击工具箱中的"选择工具" 。

4. 选择群组中的一个对象

单击工具箱中的"选择工具" ，按住 Ctrl 键单击群组中的对象。

5. 选择被其他对象遮掩的对象

单击工具箱中的"选择工具" ，按住 Alt 键单击最顶端的对象一次或多次，直至被遮掩的对象周围出现选择框。

3.2 剪切、复制与粘贴

在作品设计的过程中，经常会出现重复的对象。CorelDRAW 提供了多种复制对象的方法，可以将对象复制到剪贴板，然后粘贴到工作区中，也可以再复制对象。剪切和复制对象可以在同一文件或不同文件中进行，"剪切""复制"命令需要和"粘贴"命令配合使用，如图 3-32 所示，列出了"编辑"菜单中所有有关剪切、复制与粘贴的菜单命令。

1. 剪切

剪切是把当前选中的对象移入剪贴板中，原位置的对象消失，再通过"粘贴"命令将对象移动到一个新位置。选择一个对象，选择菜单"编辑"→"剪切"命令或按 Ctrl+X 组合键；也可以选择一个对象，右击，在弹出的快捷菜单中选择"剪切"命令。

2. 复制

选择一个对象，选择菜单"编辑"→"复制"命令或按 Ctrl+C 键；也可以选择一个对象，右击，在弹出的快捷菜单中选择"复制"命令；也可以右击拖动对象到另一的位置，释放鼠标后，在弹出的快捷菜单中选择"复制"命令；也可以使用选择工具拖动对象，移动到某位置后右击，然后释放鼠标。

图 3-32　"编辑"菜单命令

图形的编辑与管理

3. 粘贴

对对象选择完"剪切"或"复制"命令后，接下来进行粘贴。选择菜单"编辑"→"粘贴"命令或按 Ctrl+V 组合键，即可在当前位置粘贴一个新对象。

4. 选择性粘贴

在其他位置或文件中（如 Word 文档中）复制所需的对象，回到当前的 CorelDRAW 页面中，选择菜单"编辑"→"选择性粘贴"命令，弹出"选择性粘贴"对话框，如图 3-33 所示，进行相关设置，单击"确定"按钮。

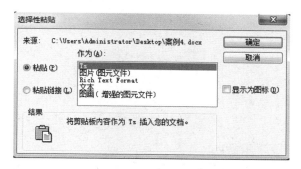

图 3-33　"选择性粘贴"对话框

5. 再制

再制对象的速度比复制、粘贴要快，并且可以沿水平方向和垂直方向制定副本及原始对象之间的距离。

选择一个对象，选择菜单"编辑"→"再制"命令，或按 Ctrl+D 组合键，就可以再制出一个新对象。移动该对象到合适位置，继续选择"再制"命令，就可再制出间距相等的连续对象，如图 3-34 所示。

图 3-34　由一个笑脸到多个相同间距笑脸的再制过程

6. 克隆

克隆对象即创建链接到原始对象的对象副本。如图 3-35 所示，选择需要克隆的对象，选择菜单"编辑"→"克隆"命令，即可在原图上方克隆出一个新图。对原图进行修改后，克隆图随之发生变化。但是，对克隆图所做的任何更改都不会反映到原图中。

图 3-35　"克隆"后分别对原图、克隆图修改后的效果

7. 复制属性

使用"复制属性自"命令，可以将属性从一个对象复制到另一个对象。可以复制的属性包括轮廓、填充、文本属性及应用于对象的属性等。如图 3-36 所示，首先选择要通过复制改变属性的目标对象，选择菜单"编辑"→"复制属性自"命令，在弹出的"复制属性"对话框中进行相应的设置，然后单击"确定"按钮。

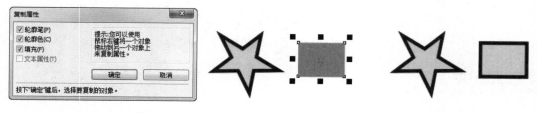

图 3-36　"复制属性"对话框的设置及其相应效果

8. 步长和重复

使用"步长和重复"命令，可按设置的参数复制对象。如图 3-37 所示，选择需要复制的对象，选择菜单"编辑"→"步长和重复"命令，在弹出的泊坞窗中分别对"水平设置""垂直设置"和"份数"进行设置，然后单击"应用"按钮。

 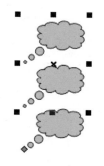

图 3-37　"步长和重复"泊坞窗及其效果

3.3　组合对象

在 CorelDraw 中，组合对象是较为常用的功能，将对象组合后，可以对群组内的所有对象同时进行移动、缩放、旋转等基本操作。组合后的对象原属性保持不变，不能运用"形状工具"调整节点。可以随时取消组合，取消组合后，可以对其中一个对象进行单独编辑。选中两个以上的对象时，属性栏中将出现组合按钮，如图 3-38 所示。

图 3-38　属性栏中"组合"按钮

1. 组合对象

使用"选择工具"选择需要组合的对象，选择菜单"对象"→"组合"→"组合对象"命令，也可单击属性栏中"组合对象"按钮，或使用 Ctrl+G 组合键，将所选取的对象组合在一起。组合后的对象组还可以再和另外的对象继续组合。组合后对象的填充颜色、轮廓线等原属性保持不变。

如图 3-39 所示，移动椭圆形到星形的中心位置，同时选中星形和椭圆形，选择"组合对象"命令，就可以将它们组合成一个整体，形成太阳花。把组合形成的太阳花进行复制、移动、缩放和排列顺序，组成一个更大的组合。

2. 取消组合对象

使用"选择工具"选择需要取消组合的对象，选择菜单"对象"→"组合"→"取消组合对象"命令，也可单击属性栏中"取消组合对象"按钮，或使用 Ctrl+U 组合键，所选取的组合对象即可取消组合。

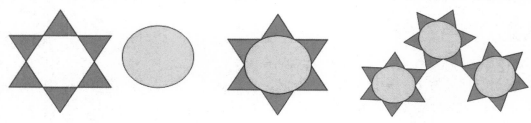

图 3-39　"组合对象"的效果

3. 取消组合所有对象

对多次进行组合的嵌套组合对象，可选择菜单"对象"→"组合"→"取消组合所有对象"命令，也可单击属性栏中"取消组合所有对象"按钮，所选取的组合对象即可解散成为单个元素对象。

3.4 造型

"造型"功能可以改变对象形状，是 CorelDRAW 中绘制图形经常使用的命令。打开"对象"→"造型"子菜单，如图 3-40 所示。子菜单包括"合并""修剪""相交""简化""移除后面对象""移除前面对象""边界"等功能。选中两个或两个以上对象时，属性栏随之显示造型命令所有按钮，如图 3-41 所示。

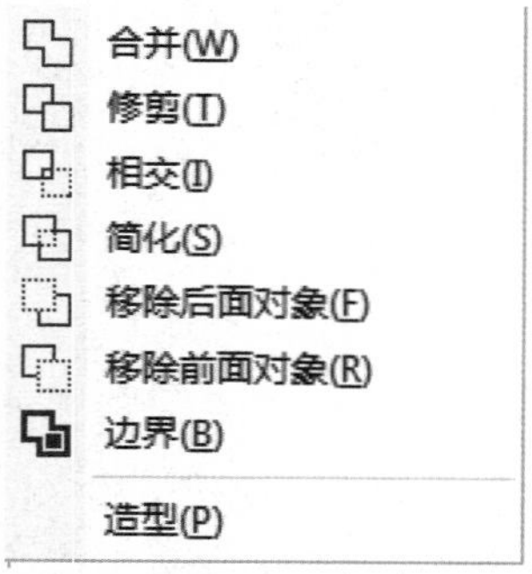

合并(W)
修剪(T)
相交(I)
简化(S)
移除后面对象(F)
移除前面对象(R)
边界(B)

造型(P)

图 3-40　"造型"子菜单

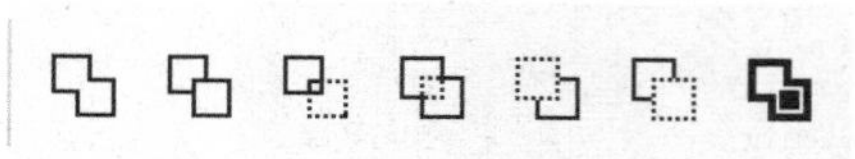

图 3-41　属性栏"造型"按钮

1. 合并（焊接）

"合并（焊接）"功能可以将两个或两个以上的图形对象合并在一起，也可以合并线条，但不能对段落文本和位图进行合并。多个对象合并在一起，成为单一轮廓的新对象，原对象之间的重叠部分自动消失。使用"选择工具"选择需要合并的对象，选择菜单"对象"→"造型"→"合并（焊接）"命令，也可单击属性栏中的"合并（焊接）"按钮，所选取的对象即可合并在一起。合并后的对象属性与最后选取的对象属性保持一致。如图 3-42

所示，先选择三角形，按住 Shift 键，再选择圆形，选择"合并（焊接）"命令后，新图形和后选择的圆形的属性保持一致；先选择圆形，按住 Shift 键，再选择三角形，选择"合并（焊接）"命令后，新图形和后选择的三角形的属性保持一致。

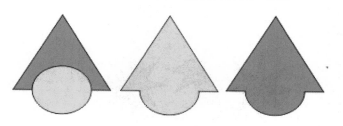

图 3-42   后选择不同对象"合并"后的对比效果

2. 修剪

使用"修剪"命令可以用目标对象修剪与其他对象之间重叠的部分。先选择的对象为目标对象，选择"修剪"命令后仍保留原有的填充和轮廓属性，后选择的对象为被修剪对象。使用"选择工具"先选择目标对象，再选择修剪对象，选择菜单"对象"→"造型"→"修剪"命令，或单击属性栏中的"修剪"按钮，所选取的修剪对象即可剪掉与目标对象重叠的部分，成为一个新的图形对象。如图 3-43 所示，先选取心形，后选取矩形，选择"修剪"命令后，心形保留原有属性，矩形被修剪成为新图形。变换目标对象后，心形则被修剪成为新图形。

图 3-43   选取不同目标对象"修剪"后的对比效果

3. 相交

使用"相交"命令可以将两个图形对象之间重叠的部分创建一个新对象，新的图形对象保留后选择对象的填充和轮廓属性。使用"选择工具"先选择一个对象，再加选另一对象，选择菜单"对象"→"造型"→"相交"命令，也可单击属性栏中的"相交"按钮，所选取的两个对象重叠的部分，成为一个新的图形对象，该图形保留后选择对象的相关属性。如图 3-44 所示，先选择矩形，后选择星形，选择"相交"命令后，新图形保留星形的原有属性。先选择星形，后选择矩形，新图形则保留矩形的原有属性。

4. 简化

使用"简化"命令可以剪去两个或两个以上对象之间的重叠部分，简化后的对象仍保

图形的编辑与管理

留原有的填充和轮廓属性。使用"选择工具"先后选择两个或两个以上的对象，选择菜单"对象"→"造型"→"简化"命令，也可单击属性栏中的"简化"按钮，下层的对象即可被上层的对象剪掉重叠的部分，成为一个新的图形对象。如图 3-45 所示，选择"简化"命令后，下层的对象被上层的对象简化成为新图形。变换上下位置后，则简化成为另外的新图形。

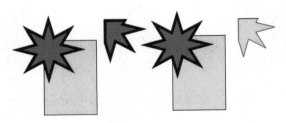

图 3-44 后选择不同对象"相交"产生的对比效果

图 3-45 对象变换不同位置后"简化"的不同效果

5. 移除后面对象

使用"选择工具"选择两个重叠的对象，选择菜单"对象"→"造型"→"移除后面对象"命令，也可单击属性栏中的"移除后面对象"按钮，后面的图形对象与前面对象重叠的部分都被移除，成为一个新的图形对象。新图形仍保留原有的填充和轮廓属性，如图 3-46 所示。

6. 移除前面对象

使用"选择工具"选择两个重叠的对象，选择菜单"对象"→"造型"→"移除前面对象"命令，也可单击属性栏中的"移除前面对象"按钮，前面的图形对象与后面对象重叠的部分都被移除，成为一个新的图形对象。新图形仍保留原有的填充和轮廓属性，如图 3-47 所示。

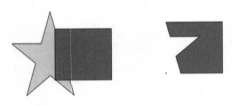

图 3-46 "移除后面对象"的效果

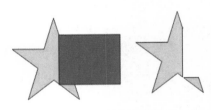

图 3-47 "移除前面对象"的效果

7. 边界 🔲

使用"选择工具"选取所要编辑的多个图形，然后选择菜单"对象"→"造形"→"边界"命令，也可单击属性栏中的"边界"按钮🔲，即可在图形的边缘形成一个新的边界图形，如图 3-48 所示。新生成的图形将应用默认的填充和轮廓属性。单个图形和位图图像不能创建边界效果。对于群组的对象，需要先解散群组。

图 3-48　创建"边界"的效果

8. 造型

选择菜单"对象"→"造形"→"造型"命令，可以打开 "造型"泊坞窗，可通过泊坞窗更加方便对所选对象进行造型。

3.5　透视

利用透视功能，可以将对象调整为透视效果。选择需要设置的图形对象，选择"效果"→"添加透视"命令，在矩形控制框 4 个角的锚点处拖动鼠标，可以调整其透视效果，如图 3-49 所示。

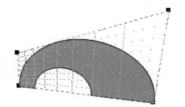

图 3-49　透视效果

3.6　PowerClip

选择菜单"对象"→"PowerClip"命令，可以将对象 1 放置到对象 2 的内部，从而使对象 1 中超出对象 2 的部分被隐藏。对象 1 作为内容，可以是图形、位图、画面的某些部

图形的编辑与管理

分等任何对象，而对象 2 必须是矢量图形。选择菜单 "对象" → "PowerClip" 命令后出现子菜单，如图 3-50 所示。

图 3-50 "对象" → "PowerClip" 命令后的子菜单

1. 置于图文框内部

通过 "置于图文框内部" 命令，可以将某个对象作为内容，置于另一个矢量图形中。选择某一对象，选择菜单 "对象" → "PowerClip" → "置于图文框内部" 命令，当光标变成 ➡ 时，再单击要放入的矢量图形，如图 3-51 所示。

图 3-51 "置于图文框内部" 效果

2. 提取内容

通过 "提取内容" 命令，可以将合为一体的图形进行分离。选择合并后的图形，选择菜单 "对象" → "PowerClip" → "提取内容" 命令或单击图形下方的 "提取内容" 按钮 ，内置的对象和外部的图形又分成了两个对象，如图 3-52 所示。

3. 编辑 PowerClip

选择 "置于图文框内部" 命令后，如果要对放置在图文框内的对象进行编辑，可以选择菜单 "对象" → "PowerClip" → "编辑 PowerClip" 命令或单击图形下方的 "编辑 PowerClip" 按钮 ，此时可以看到图形变成蓝色的框架，如图 3-53 所示。在这个状态下，可以对内容进行调整或替换。完成后，选择菜单"对象"→"PowerClip"→"结束编辑"命令或单击图形下方的"停止编辑内容"按钮 ▣ 。

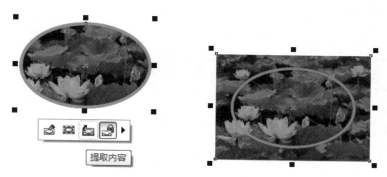

图 3-52　"提取内容"的效果

图 3-53　"编辑 PowerClip"的效果

3.7　变换

要精确地变换对象，可以通过"变换"泊坞窗来完成。选择菜单"对象"→"变换"命令或"窗口"→"泊坞窗"→"变换"下的任意子命令，均可打开"变换"泊坞窗。"变换"泊坞窗的顶部有 5 个按钮，分别是"位置" ✛ 、"旋转" ↻ 、"缩放和镜像" ◪ 、"大小" ▣ 及"倾斜" ▱ ，单击某一按钮，就切换到相应的窗口。下面分别介绍各窗口的组成及其使用方法。

1. 位置 ✛

通过"变换"泊坞窗的"位置"选项组，可以精确调整对象的位置。"变换"泊坞窗的"位置"选项组包括 x 与 y 方向的坐标数值框、"相对位置"复选框、移动方位图及"副本"数值框。可在 x 与 y 方向的坐标数值框中输入目标位置的数值。勾选"相对位置"复选框后，会相对于原位置发生 x 或 y 方向上的位移。移动方位图中共有 9 个方位：左上、中上、右上、左中、中、右中、左下、中下、右下，选择其中某一方位，即可移动到该方位。"副本"值为 0，只是移动图形，"副本"值大于 1，会对原图形进行复制。进行设置后，如图 3-54 所示，单击"应用"按钮，即可得到将对象在"中下"方位上复制两个后的变换效果，

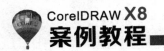
如图 3-55 所示。

图 3-54   "变换-位置"泊坞窗

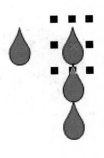

图 3-55   使用"位置"变换的效果图

2. 旋转

通过"旋转"选项组，可以将对象按指定的角度旋转，同时可以指定旋转的中心点。"旋转"选项组包括"旋转角度"数值框、"中心"选项组、"相对中心"复选框、旋转方位图、"副本"数值框和"应用"按钮。绘制一个椭圆形，选中对象，在"变换"泊坞窗中单击"旋转"按钮，打开"旋转"选项组，在"角度"数值框中设定旋转角度为 45°，在"中心"选项组中设定 x 和 y 的数值为 0，勾选"相对中心"复选框，旋转方位为"中"，"副本"为"1"，单击 3 次"应用"按钮，变换的阶段效果如图 3-56 所示。

图 3-56   使用 3 次旋转变换的效果图

3. 缩放和镜像

通过"缩放和镜像"选项组，可以将对象按设定的数值进行放大或缩小，同时可以形成水平或垂直方向上的镜像。"缩放和镜像"选项组包括水平缩放比例 x 数值框、垂直缩放比例 y 数值框、"水平镜像"按钮、"垂直镜像"按钮、"按比例"复选框、方位图、"副本"数值框及"应用"按钮。选择要镜像的对象，把缩放数值框中的 x 和 y 值设定为 100%，单击"水平镜像"按钮，方位选择"右中"，"副本"为"1"，单击"应用"按钮，最后效果如图 3-57 所示。

4. 大小

通过"大小"选项组，可以指定对象的尺寸。"大小"选项组包括设置对象宽度的 x

值、设置对象高度的 y 值、"按比例"复选框、方位图、"副本"数值框和"应用"按钮，如图 3-58 所示。选择要变换的对象五角星，减小 x 数值框中的值，勾选"按比例"复选框，方位选择"中"，"副本"为"1"，单击"应用"按钮，同心五角星便制作完成，如图 3-59 所示。

图 3-57　使用"缩放和镜像"选项组制作水平镜像效果

图 3-58　"变换-大小"泊坞窗

图 3-59　使用"大小"制作的同心五角星效果图

5. 倾斜

通过"倾斜"选项组，可以将对象按设定的数值在水平或垂直方向进行倾斜。"倾斜"选项组包括水平倾斜角度 x 值、垂直倾斜角度 y 值、"使用锚点"复选框、位置方位图、"副本"数值框及"应用"按钮。勾选"使用锚点"复选框后，方可激活位置方位图，如图 3-60 所示。选择圆形对象，在 x 数值框中输入数值 45，勾选"使用锚点"复选框，方位选择"中下"，"副本"为"1"，单击"应用"按钮。再次选择圆形对象，x 数值框中输入数值 -45，单击"应用"按钮，对称的倾斜圆形制作完成，如图 3-61 所示。

图 3-60　"变换-倾斜"泊坞窗

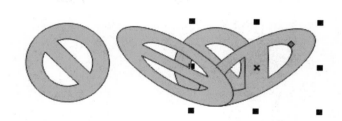

图 3-61　使用"倾斜"选项的效果图

图形的编辑与管理

6. **清除变换**

选中变换后的对象，选择菜单"对象"→"变换"→"清除变换"命令，即可清除对象的变换效果。

3.8 顺序

在 CorelDraw 中，每一个单独的对象或群组对象都有一个层。在复杂的绘图中，需要很多图形进行组合，通过合理的顺序排列可以表现出层次关系。选择菜单"对象"→"顺序"命令，展开如图 3-62 所示的"顺序"子菜单。

到页面前面(F)		Ctrl+主页
到页面背面(B)		Ctrl+End
到图层前面(L)		Shift+PgUp
到图层后面(A)		Shift+PgDn
向前一层(O)		Ctrl+PgUp
向后一层(N)		Ctrl+PgDn
置于此对象前(I)...		
置于此对象后(E)...		
逆序(R)		

图 3-62　"顺序"子菜单

1. **到页面前面**

使用"选择工具"选择当前页面中需要移动到前面页面的对象，如图 3-63 所示的树冠，选择菜单"对象"→"顺序"→"到页面前面"命令，或右击，在弹出的快捷菜单中选择"顺序"→"到页面前面"或使用 Ctrl+Home 组合键，树冠即可移动到页面最前面。

2. **到页面背面**

使用"选择工具"选择当前页面中需要移动到后面页面的对象，如图 3-63 所示的第 2 个图中的树冠，选择菜单"对象"→"顺序"→"到页面后面"命令，或右击，在弹出的快捷菜单中选择"顺序"→"到页面后面"或使用 Ctrl+End 组合键，树冠即可移动到页面最后面，原来在后面的果实和树干显现出来。

图 3-63　对"树冠"连续执行"到页面前面"和"到页面后面"的命令

3. **到图层前面**

使用"选择工具"选择需要移动到前面的对象，如图 3-64 所示的果实，选择菜单"对象"→"顺序"→"到图层前面"命令，或右击，在弹出的快捷菜单中选择"顺序"→"到图层前面"，果实即可移动到前面，成为最前面的图层。

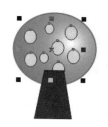

图 3-64 对"果实"选择"到图层前面"的命令

4. **到图层后面**

使用"选择工具"选择需要移动到后面的对象，如图 3-65 所示的树干，选择菜单"对象"→"顺序"→"到图层后面"命令，或右击，在弹出的快捷菜单中选择"顺序"→"到图层后面"，树干即可移动到后面，成为最后面的图层。

图 3-65 对"树干"选择"到图层后面"的命令

5. **向前一层**

使用"选择工具"选择需要前移一层的对象，如图 3-66 所示的蓝色纸片 3，选择菜单"对象"→"顺序"→"向前一层"命令，或右击，在弹出的快捷菜单中选择"顺序"→"向前一层"，蓝色纸片 3 即可被向前移动一层，在纸片 4 的前面。

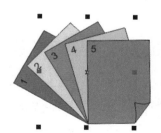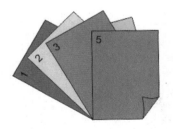

图 3-66 对纸片 3 选择"向前一层"命令后的效果

6. **向后一层**

使用"选择工具"选择需要后移一层的对象，选择菜单"对象"→"顺序"→"向后一层"命令，或右击，在弹出的快捷菜单中选择"顺序"→"向后一层"，所选择的对象即可被向后移动一层。

图形的编辑与管理

7. **置于此对象前** 🗔

使用"置于此对象前"命令，可以使对象快速向前移动至需要的位置。使用"选择工具"选择需要向前移动的对象，选择菜单"对象"→"顺序"→"置于此对象前"命令，或右击，在弹出的快捷菜单中选择"顺序"→"置于此对象前"，光标转换为黑色粗箭头状态，移动箭头，单击目标对象，所选对象移动至目标对象前面。如图 3-67 所示的纸片 2，使用了"置于此对象前"命令，当光标转换为黑色粗箭头状态时，单击前面的纸片 4，其排列位置移动至纸片 4 之前。

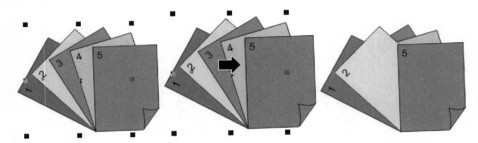

图 3-67　对纸片 2 使用"置于此对象前"命令的效果

8. **置于此对象后** 🗔

使用"置于此对象后"命令，可以使对象快速向后移动至需要的位置。使用"选择工具"选择需要向后移动的对象，选择菜单"对象"→"顺序"→"置于此对象后"命令，或右击，在弹出的快捷菜单中选择"顺序"→"置于此对象后"，当光标转换为黑色粗箭头状态时，移动箭头，单击目标对象，所选对象移动至此对象后面。

9. **逆序** 🗔

图形对象需要以相反的顺序排列时，使用"逆序"命令，可以使对象快速地以相反方向排列。选择多个图形，选择菜单"对象"→"顺序"→"逆序"命令，可将多个对象以相反的顺序排列，如图 3-68 所示。

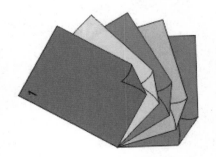

图 3-68　使用"逆序"命令的效果

3.9 锁定对象

在绘制复杂的图形时，为避免受到其他对象操作的影响，可以对已经编辑好的对象进行锁定。使用"选择工具"选择需要锁定的对象，选择菜单"对象"→"锁定"→"锁定对象"命令即可。当对象的控制点变成 🔒 时，表明对象已经被锁定。如图 3-69 所示，选中花朵选择"锁定"命令，所选取的对象即可被锁定。锁定对象如需解除锁定时，选择菜单"对象"→"锁定"→"解锁对象"命令或"对象"→"锁定"→"对所有对象解锁"命令即可。

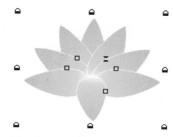

图 3-69 "锁定对象"的效果

3.10 转换为曲线

直接使用基本绘图工具（"矩形工具""椭圆形工具"等）绘制的图形，不能使用"形状工具"的进行自由变换，如图 3-70 所示。选择菜单"对象"→"转换为曲线"命令，将对象轮廓转换为曲线，可以按照编辑曲线的方法对图形进行编辑，如图 3-71 所示。

图 3-70 没有"转换为曲线"的矩形使用"形状工具"后的效果

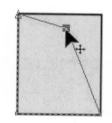

图 3-71 "转换为曲线"的矩形使用"形状工具"后的效果

同样，对文本对象选择"转换为曲线"命令后，可以将文本对象转换为曲线，可以按照编辑曲线的方法对外形进行编辑。

3.11 将轮廓转换为对象

在绘制图形时，经常会强化轮廓线的使用，选择菜单"对象"→"将轮廓转换为对象"命令，可以把轮廓线转换为图形对象。当轮廓线转换为图形对象后，能更加方便地编辑对象，如图 3-72 所示，选中矩形，选择"将轮廓转换为对象"命令，矩形的轮廓线即可转换为图形对象，可对轮廓线使用"形状工具"进行节点编辑。

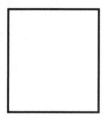 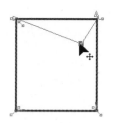 

图 3-72 "将轮廓转换为对象"后使用形状工具的效果

3.12 合并

"合并"功能是指多个不同的对象合并成一个新的对象，不再具有原始的属性。使用"选择工具" 选择需要合并的对象，选择菜单"对象"→"合并"命令，也可单击属性栏中的"合并"按钮，或使用 Ctrl+L 组合键，所选取的对象合并成为一个新对象，如图 3-72 所示，合并后的对象原属性也随之改变，可以运用"形状工具" 调整节点。

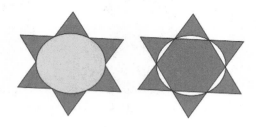

图 3-73 星形与椭圆形"合并"后的效果

3.13 拆分

对合并后的对象，可以通过选择菜单"对象"→"拆分"命令，也可单击属性栏中的

模块 3

"拆分"按钮 或使用 Ctrl+K 组合键来取消对象的合并。但是，拆分后，不一定恢复成原来的属性，如图 3-74 所示，将红色复杂星形与黄色圆形合并后的图形选择"拆分"后，变成了两个三角形和一个圆形，并且圆形是红色的，不再是黄色的。

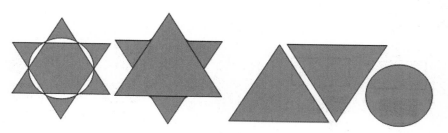

图 3-74 将"合并"后的图形进行"拆分"

3.14 对齐与分布

绘制一幅比较复杂的作品时，对象的排列顺序会极大地影响画面效果。使用"对齐与分布"命令，可以使对象与对象、对象与页面及对象与网格之间以各种方式对齐。

使用"对齐与分布"命令，可直接选择"对象"→"对齐与分布"子菜单中的相应命令，如图 3-75 所示；也可以选择菜单"对象"→"对齐与分布"→"对齐与分布"命令，打开"对齐与分布"泊坞窗，如图 3-76 所示。

左对齐(L)		L
右对齐(R)		R
顶端对齐(T)		T
底端对齐(B)		B
水平居中对齐(C)		E
垂直居中对齐(E)		C
在页面居中(P)		P
在页面水平居中(H)		H
在页面垂直居中(V)		V
✓ 对齐与分布(A)	Ctrl+Shift+A	

图 3-75 "对齐与分布"子菜单

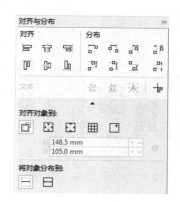

图 3-76 "对齐与分布"泊坞窗

1. 左对齐

使用"选择工具"选择要左对齐的对象，打开菜单"对象"→"对齐与分布"子菜单，选择"左对齐"，对象以最先创建的对象为基准进行左侧对齐，如图 3-77 所示。

图形的编辑与管理

2. 右对齐

使用"选择工具"选择要右对齐的对象，打开菜单的"对象"→"对齐与分布"子菜单，选择"右对齐"，对象以最先创建的对象为基准进行右侧对齐，如图 3-78 所示。

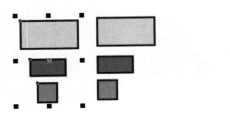
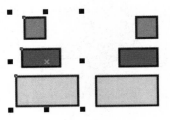

图 3-77　"左对齐"效果　　　　　　　　　图 3-78　"右对齐"效果

3. 顶端对齐

使用"选择工具"选择要顶端对齐的对象，打开菜单的"对象"→"对齐与分布"子菜单，选择"顶端对齐"，对象以最先创建的对象为基准进行顶端对齐，如图 3-79 所示。

4. 底端对齐

使用"选择工具"选择要底端对齐的对象，打开菜单的"对象"→"对齐与分布"子菜单，选择"底端对齐"，对象以最先创建的对象为基准进行底端对齐，如图 3-80 所示。

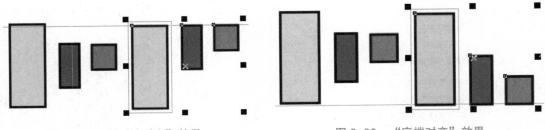

图 3-79　"顶端对齐"效果　　　　　　　　　图 3-80　"底端对齐"效果

5. 水平居中对齐

使用"选择工具"选择要水平居中对齐的对象，打开菜单的"对象"→"对齐与分布"子菜单，选择"水平居中对齐"，对象以最先创建的对象为基准进行水平居中对齐，如图 3-81 所示。

6. 垂直居中对齐

使用"选择工具"选择要垂直居中对齐的对象，打开菜单的"对象"→"对齐与分

布"子菜单，选择"垂直居中对齐"，对象以最先创建的对象为基准进行垂直居中对齐，如图 3-82 所示。

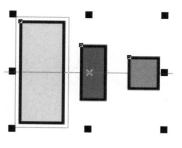

图 3-81   "水平居中对齐"效果

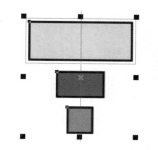

图 3-82   "垂直居中对齐"效果

7. 在页面居中 ▦

使用"选择工具"选择要在页面居中对齐的对象，打开菜单的"对象"→"对齐与分布"子菜单，选择"在页面居中"，对象以最先创建的对象为基准在页面居中对齐，如图 3-83 所示。

8. 在页面水平居中 ▥

使用"选择工具"选择要在页面水平居中对齐的对象，打开菜单的"对象"→"对齐与分布"子菜单，选择"在页面水平居中"，对象以最先创建的对象为基准在页面水平居中对齐，如图 3-84 所示。

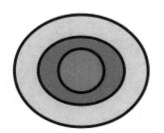

图 3-83   "在页面居中"效果

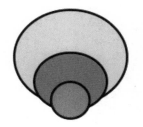

图 3-84   "在页面水平居中"效果

9. 在页面垂直居中 ▤

使用"选择工具"选择要在页面垂直居中对齐的对象，打开菜单的"对象"→"对齐与分布"子菜单，选择"在页面垂直居中"，对象以最先创建的对象为基准在页面垂直居中对齐，如图 3-85 所示。

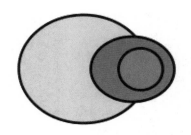

图 3-85   "在页面垂直居中"效果

图形的编辑与管理

一、填空题

1．使用"选择工具"选择多个对象时，按住_____键单击要选择的每个对象；选择群组中的一个对象时，按住_____键单击群组中的对象；选择被其他对象遮掩的对象时，按住_____键单击最顶端的对象一次或多次，直至被遮掩的对象周围出现选择框。

2．"编辑"→"再制"命令的快捷键是_____。

3．对原图进行修改后，克隆图是否发生变化_____。对克隆图进行修改后，原图是否发生变化_____。

4．"复制属性自"命令的作用_____。

5．在"步长和重复"泊坞窗中，可以分别对_____、_____和_____进行设置，然后单击"应用"按钮。

6．"组合对象"命令对应的快捷键是_____；"取消组合对象"命令对应的快捷键是_____。

7．当选中两个或两个以上对象时，属性栏随之显示"造型"命令所有按钮，这些按钮从左到右依次是_____。

8．使用菜单命令_____，可以将两个图形对象之间重叠的部分创建一个新对象，新的图形对象保留后选择对象的填充和轮廓属性。

9．使用_____命令，可以将某个对象作为内容，置于另一个矢量图形中。

10．"变换"泊坞窗的顶部有5个按钮，分别是_____、_____、_____、_____及_____，单击某一按钮，就切换到相应的窗口。

11．选中变换后的对象，选择菜单命令_____，即可清除对象的变换效果。

12．每一个单独的对象或群组对象都有一个层，使用菜单命令_____，可以使对象快速向前移动至某层之前。

13．选择菜单命令_____，可以将矩形对象轮廓转换为曲线，便可按照编辑曲线的方法对图形进行编辑。

14．"合并"命令与"群组"命令的区别是_____。

15．使用"选择工具"选择要右对齐的对象，打开菜单的"排列"→"对齐与分布"子菜单，选择"右对齐"，对象以_____为基准进行右侧对齐。

二、上机实训

1．使用矩形工具、基本形状工具、文本工具和"步长和重复""透视""图框精确剪裁"等命令绘制如图3-86所示的"彩虹心笔记簿封面"效果。

图 3-86 彩虹心笔记簿封面

2. 使用椭圆形工具和"缩放和镜像""修剪""合并"等命令绘制如图 3-87 所示的"五环色美丽图案"效果。

图 3-87 五环色美丽图案

3. 使用"对象"菜单中的"顺序""变换""组合"及"转换为曲线"等命令绘制如图 3-88 所示的"海边"效果。

图 3-88 "海边"效果图

三、拓展训练

1．绘制房屋效果图，如图 3-89 所示。

2．设计一个房地产公司的企业徽标。

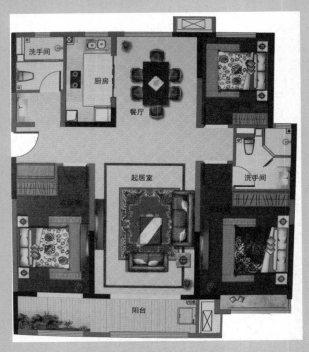

图 3-89　房屋效果图

模块 **4**

交互式工具组的使用

 白云深处有人家——扮靓绿色家园

✓ 案例描述

在 CorelDRAW 中使用"调和工具"绘制彩虹，并与背景自然融合，使用"变形工具""调和工具"绘制花朵和绿叶，美好的绿色家园形象跃然纸上，并体现了"白云深处有人家"的古诗意境，最终效果如图 4-1 所示。

图 4-1 "扮靓绿色家园"效果图

案例解析

在本案例中，需要完成以下操作：

● 使用"椭圆形工具""调和工具"和"透明度工具"绘制彩虹。

● 使用"变形工具"和"调和工具"绘制不同形态的花朵。

● 使用"透明度工具"合成背景。

（1）启动 CorelDRAW，新建一个宽为 210mm、高为 297mm 的页面。

（2）用"椭圆形工具"绘制两个同心圆，设置轮廓笔宽度为 1.5mm，轮廓线的颜色分别为红色和洋红，如图 4-2 所示。

（3）选择"调和工具" ，拖动鼠标从一个圆至另一个圆，调和效果如图 4-3 所示。

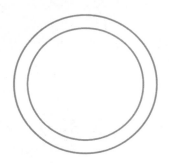

图 4-2　绘制两个同心圆

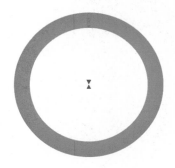

图 4-3　调和效果

（4）在"调和工具"面板选项中，选择逆时针调和 ，步长数为 30，调和效果如图 4-4 所示。

（5）选择"透明度工具"，在调和好的圆上拖动，效果如图 4-5 所示。

图 4-4　逆时针调和效果

图 4-5　透明效果

（6）导入素材文件，"蓝天"叠放于"草地"上面，使用"裁剪工具"，裁剪掉多余部分，使"天空"的宽度和页面大小一致，如图 4-6 所示。

（7）选择"透明度工具" ，在"蓝天"与"草地"交界处拖动，效果如图 4-7 所示。

（8）将彩虹放在背景中，将素材"房子"放在合适位置，调整大小，效果如图 4-8 所示。

（9）用"椭圆形工具"绘制一个圆形，在圆形处于被选择的状态下，按下属性栏中的"转换为曲线"按钮 ，将圆形转换为曲线状态。使用选择工具，右击并将这个对象拖动到一旁，在弹出的菜单中选择"复制"命令，创建一个副本，作为后面变形时的参照模板。

图 4-6　叠放背景图片　　　　图 4-7　"透明度"效果　　　　图 4-8　加入彩虹效果

（10）选择圆形曲线的原件，按 F11 键打开"填充"对话框，在填充类型中选择"渐变填充" ▰▰ 中的"椭圆形渐变填充" ▰▰ ，将颜色调和由默认的双色改变为自定义模式，改变自定义填充的选项：将左端颜色设为"浅红色"，右端颜色设为"洋红"，在 65％的位置上双击新增一个颜色标签，将颜色也改为"洋红"。应用填充后，打开"对象属性"泊坞窗，将该对象的"轮廓宽度"设为"无"，效果如图 4-9 所示。

（11）选择"变形"工具，在属性栏中选择"拉链变形"模式。将"拉链振幅"和"拉链频率"分别设为 17 和 4，单击"平滑变形"按钮。这会在圆形的边缘上增加一点轻微的波浪效果，如图 4-10 所示。

（12）选择变形后的图形对象，使用选择工具向对象中心拖动角控点，同时按下 Shift 键，右击创建副本。在这里，Shift 键的作用是保证按比例缩放对象。重复这个过程创建 8 个副本，填满花朵中心区域，然后随机轻微地旋转对象副本来偏移它们，初步形成如图 4-11 所示的花朵造型。将所有对象选中，复制一份副本留存。

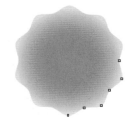

图 4-9　渐变填充圆形　　　　图 4-10　轻微的波浪效果　　　　图 4-11　初步形成花朵造型

（13）选定最初建立的圆形参照模板，选择"变形工具"的"拉链变形"模式，单击"随机变形"按钮，将"振幅"和"频率"分别设为 30 和 5，按下 Enter 键进行变形，如图 4-12 所示。然后选择"推拉变形"模式，将变形"振幅"设为 30，单击"确定"按钮后完成变形，效果如图 4-13 所示。

（14）制作第一种花朵形态：切换到"选择工具"，拖动鼠标，框选初步花朵造型中的所有对象，再次选择"变形工具"，单击属性栏中的"复制变形属性"按钮▦，在标示指针出现后，单击变形处理后的参照模板。变形效果复制到当前的花朵对象上，呈现出简单的花朵形状，如图 4-12 所示。

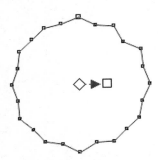

图 4-12　"拉链变形"效果

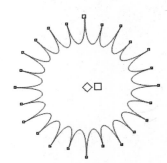

图 4-13　"推拉变形"效果

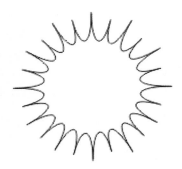

图 4-14　复制变形属性到花朵造型

（15）开始制作第二种花朵形态：使用"变形工具"，选择圆形模板，单击属性栏中的"清除变形"按钮 ✿ 两次，清除对象的变形效果。先使用"推拉变形"模式，设置"振幅"为 5，再应用"拉链变形"模式，单击"随机"和"平滑"按钮，设置"振幅"为 100，"频率"为 20，完成变形模板，如图 4-15 所示。

（16）使用"选择工具"框选操作（5）中花朵造型的副本，如图 4-16 所示，按 F11 键打开填充对话框，改变自定义填充选项如下：左端颜色为红色，右端颜色为黄色，在 40% 的位置上新增一个颜色标签，颜色为黄色，单击"确定"按钮后关闭对话框。

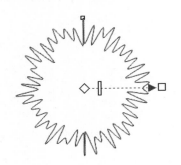

图 4-15　制作变形模板

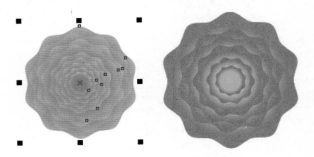

图 4-16　改变花朵造型的填充色

（17）选中填充后的花朵造型，单击"复制变形属性"按钮，用标示指针单击第（8）步中所制的圆形变形模板，随后会出现一个警告框，单击"确定"按钮后等待变形效果生成，如图 4-17 所示。

图 4-17 复制变形属性到花朵造型

（18）制作第三种花朵形态：使用"多边形工具"绘制十六边形，如图 4-18 所示。使用"变形工具"，选择"推拉变形"模式，设"振幅"为 -50。打开"对象属性"泊坞窗，选择"均匀填充"，填充颜色是为黄色，"轮廓宽度"是"无"，如图 4-18 所示。

图 4-18 制作第三种花朵形态

（19）使用"选择工具"，按下 Shift 键的同时向内拖动形状的任一个角控点，直至轮廓为原形状大小的 10% 左右，右击，创建一个对象副本，用红色填充，如图 4-19 所示。

（20）切换到"调和工具"，在黄色花瓣和红色花蕊两个对象间拖动鼠标，创建默认的调和效果。使用属性栏选项，将"调和步数"设为 20，单击"应用"按钮，效果如图 4-20 所示。

图 4-19 制作花朵

图 4-20 调和花朵

（21）调整花朵的大小和颜色，在草地上复制各类花朵。

（22）用"文本工具"输入文字"绿色家园"，并填充渐变色，如图 4-21 所示。

（23）选中文字，在工具栏中选择"阴影工具"，为输入的文字添加阴影效果，效果如图 4-22 所示。

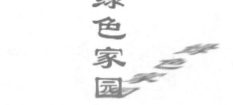

图 4-21　输入文字并填充渐变色　　　　图 4-22　为文字添加阴影效果

（24）将文字放入画面中，最终效果如图 4-1 所示。

在 CorelDRAW 中，"交互式工具组"是进行高级图形设计与创作的重要知识点。利用各种"交互式工具"，可以创建丰富的效果，制作出精美而生动的作品。"交互式工具组"主要包括调和 、轮廓图 、变形 、阴影 、封套 、立体化 和透明度 7 个工具，如图 4-23 所示。

图 4-23　交互式工具组

4.1　调和工具

"调和工具" 用于在两个对象之间产生过渡的效果，其属性栏如图 4-24 所示。

图 4-24　"调和工具"属性栏

1. 直接调和

"直接调和"显示形状和大小从一个对象到另一个对象的渐变。中间对象的轮廓和填充颜色在色谱中沿直线路径渐变，其中，轮廓显示厚度和形状的渐变。通过属性栏的设置可以编辑调和对象，如调和旋转角度、增删调和中的过渡对象、改变过渡对象的颜色和改变调和对象的形状。选择"直接调和"，从蓝色星星开始拖动，到红边黄色圆结束拖动，最后的效果如图 4-25 所示。

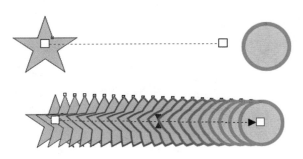

图 4-25　"直接调和"的效果

2. 更改调和中的步长数或调整步长间距

通过更改调和中的步长数或调整步长间距来增删调和过程中的过渡对象。图 4-26 所示为"步长"分别为 3 和 9 时的调和效果。

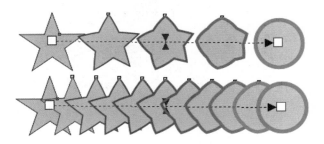

图 4-26　"步长"分别为 3 和 9 时的调和效果

3. 调和方向

可以改变调和对象的旋转角度。图 4-27 所示为"调和方向"分别为 60°和 180°时的调和效果。

4. 环绕调和

将环绕效果应用到调和。图 4-28 所示为"调和方向"为 60°，应用"环绕调和"后的效果。

交互式工具组的使用

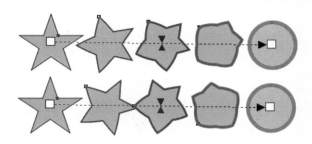

图 4-27 "调和方向"分别为 60° 和 180° 时的调和效果

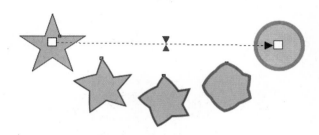

图 4-28 应用"环绕调和"后的效果

5. 调和对象的颜色调整

通过调整"顺时针调和""逆时针调和",可以改变过渡对象的颜色,如图 4-29 所示。

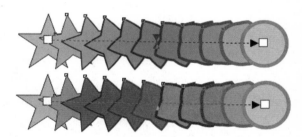

图 4-29 "顺时针调和"和"逆时针调和"的不同效果

6. 调和对象的大小和颜色调整

通过"对象和颜色加速"来改变调和对象显示和颜色更改的速率。通过"调整加速大小"来改变调和对象大小更改的速率。调整对象及颜色加速大小的不同效果如图 4-30 所示。

7. 路径属性

单击"调和工具"属性栏中的"路径属性"按钮,选择"新路径"命令,光标变成 ✔ 形状,把它移到刚创建的路径上单击,可以让对象沿新路径排列,如图 4-31 所示。

单击"路径属性"按钮,选择"从路径中分离",可以使调和对象从当前路径中分离出来,效果如图 4-32 所示。

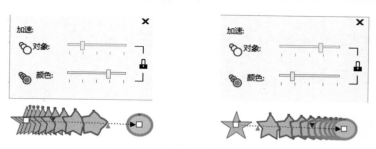

图 4-30　调整对象及颜色的加速大小的不同效果

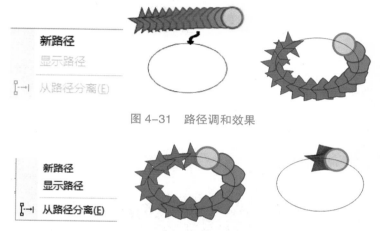

图 4-31　路径调和效果

图 4-32　从路径中分离

8. 更多调和选项

　　单击"更多调和选项"按钮，勾选"沿全路径调和"，可以使调和对象均匀地按路径进行排列，效果如图 4-33 所示。

图 4-33　沿全路径调和效果

　　通过"更多调和选项"中的"拆分"命令，可以改变调和对象的形状，如图 4-34 所示。

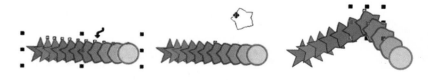

图 4-34　拆分调和对象

9. 起始和结束属性

用于设置起点和终点图形。单击属性栏中的"起始和结束属性"按钮，在弹出的列表中选择合适的选项，对起点和终点进行重新定义。选择"新终点"选项，在新的图形位置单击，就可看到重新定义起点后的效果，如图 4-35 所示。

图 4-35 "起始和结束属性"设置效果前后

10. 清除调和

单击属性栏中的"清除调和"命令，则清除对象的调和效果，只保留起端对象和末端对象，如图 4-36 所示。

图 4-36 清除调和

4.2 透明度工具

在 CorelDRAW 中，"透明度工具"主要用来给对象添加均匀、渐变、图案和材质等透明效果。应用"透明度工具"可以很好地表现对象的质感，增强对象的效果。该工具不仅可以用于矢量图形，还可以用于文本和位图图像。

在"透明度工具"属性栏的左侧是"无透明度""均匀透明度""渐变透明度""向量图样透明度""位图图样透明度""双色图样透明度"和"底纹透明度"7 种类型的透明度按钮，如图 4-37 所示。

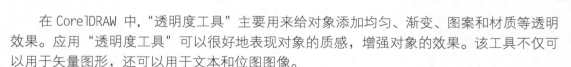

图 4-37 透明度类型按钮

1. 均匀透明度

单击"均匀透明度"类型按钮，在属性栏右侧显示该类型相关属性的设置，如图 4-38 所示。

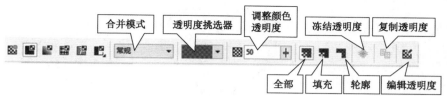

图 4-38 "透明度工具-均匀透明度"属性栏

- 合并模式：选择透明度颜色与下层对象颜色调和的方式，效果如图 4-39 所示。

图 4-39 合并模式分别为"常规""差异""强光"的效果

- 透明度挑选器：单击挑选器，在下拉列表中可以选择一个预设透明度，即可应用到当前图形中。

- 调整颜色透明度：用来调整当前图形的透明度。值越高，颜色越透明；值越低，颜色越不透明，如图 4-40 所示。

图 4-40 不同透明度数值的效果

- 应用范围选择。应用范围有 3 个选择：全部、填充和轮廓。"全部"表示将透明度效果应用到所选对象的填充和轮廓；"填充"表示只将透明度效果应用到所选对象的填充；"轮廓"表示只将透明度效果应用到所选对象的轮廓，3 种效果如图 4-41 所示。

- 冻结透明度：冻结对象当前视图的透明度。即使对象发生移动，视图也不会发生变化。

- 复制透明度：将文档中其他对象的透明度应用到当前对象。

- 编辑透明度：单击该按钮，会弹出"编辑透明度"对话框，如图 4-42 所示。

交互式工具组的使用

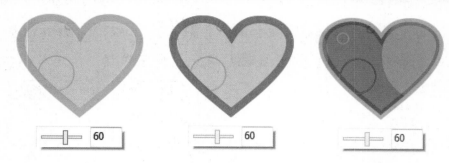

图 4-41　不同应用范围的效果

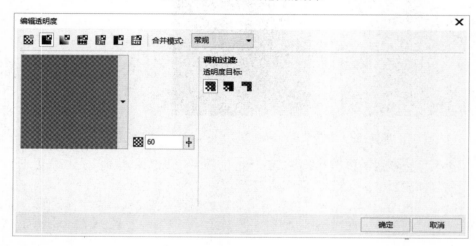

图 4-42　"编辑透明度"对话框

2. 渐变透明度

　　单击"渐变透明度"类型按钮，在属性栏右侧显示该类型相关属性的设置，如图 4-43 所示。

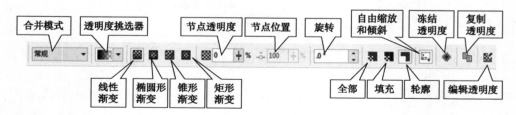

图 4-43　"渐变透明度"属性栏

- 渐变透明度类型：单击选择属性栏上的"线性渐变透明度""椭圆形渐变透明度""锥形渐变透明度""矩形渐变透明度"按钮，可以为当前图形设置不同的透明度效果，如图 4-44 所示。
- 节点透明度：指定选定节点的透明度，如图 4-45 所示。
- 旋转：以指定的角度旋转透明度，将该项数值分别设置为"0°""90°""180°"，效果如图 4-46 所示。

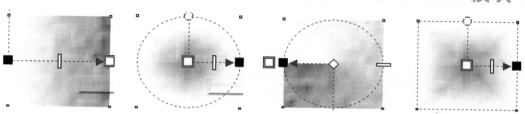

图 4-44　不同类型的渐变透明度效果

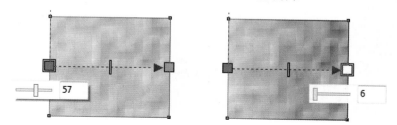

图 4-45　节点透明度的设置

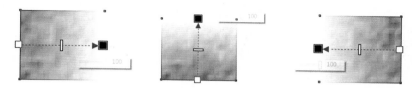

图 4-46　旋转透明度的设置

● 自由缩放和倾斜：允许透明度不按比例倾斜或延展显示，透明度的设置更加自由，效果更加多样。选中该项和不选中该项的对比效果如图 4-47 所示。

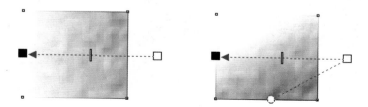

图 4-47　"自由缩放和倾斜"效果

3. 其他透明度

向量图样透明度、位图图样透明度、双色图样透明度和底纹透明度的效果如图 4-48 所示。

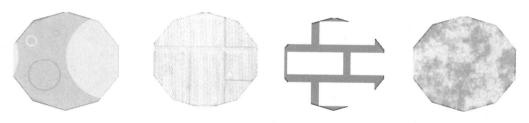

图 4-48　四类透明度效果

交互式工具组的使用

4.3 变形工具

　　在 CorelDRAW 中，使用"变形工具" 可以对被选中的对象进行各种变形效果处理，主要有"推拉变形""拉链变形"和"扭曲变形"3 种变形效果，可以通过调整属性栏参数进行修改，如图 4-49 所示。

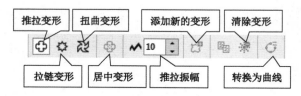

图 4-49　"变形工具-推拉变形"属性栏

1. 推拉变形

　　"推拉变形"可以推进对象的边缘或拉出对象的边缘。通过调整"推拉振幅"的数值 ~ -69 ↕ 来进行变形，也可拖动变形控制线上的控制点来调整变形的失真振幅，变形效果如图 4-50 所示。

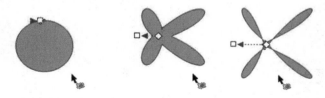

图 4-50　"推拉变形"效果

2. 拉链变形

　　"拉链变形"将锯齿效果应用于对象的边缘，可以通过设置属性栏中"拉链振幅" ~ 99 ↕ 和"拉链频率" ~ 17 ↕ 的数值进行调整，如图 4-51 所示。

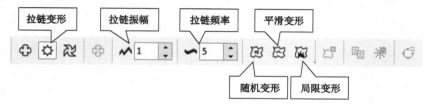

图 4-51　"变形工具-拉链变形"属性栏

　　分别选择"随机变形""平滑变形"和"局限变形"，会使对象的轮廓产生不同的变形效果，如图 4-52 所示。对象变形后，还可通过改变变形中心来改变效果。

图 4-52 "随机变形""平滑变形"和"局限变形"效果

3. 扭曲变形

"扭曲变形"可以使对象围绕自身旋转，形成如图 4-53 所示的螺旋效果。可以同时通过改变属性栏中"完整旋转"和"附加度数"的数值来改变图形的扭曲程度，如图 4-54 所示。

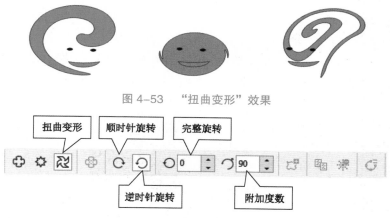

图 4-53 "扭曲变形"效果

扭曲变形 顺时针旋转 完整旋转

逆时针旋转 附加度数

图 4-54 "变形工具-扭曲变形"属性栏

4. 清除变形

"清除变形"可以清除对象最近应用的变形。选择需要清除变形的图形，单击属性栏中的"清除变形"按钮，对象即恢复到变形前的状态，如图 4-55 所示。经过多次变形的图形需要多次单击"清除变形"按钮，使对象恢复到初始的状态。

图 4-55 清除变形

4.4 轮廓图工具

在 CorelDRAW 中，轮廓图的效果与调和相似，主要用于单个图形的中心轮廓线，形成以图形为中心渐变产生的一种放射层次效果。轮廓图的方式包括"到中心""内部轮廓""外部轮廓"3 种形式，"轮廓图工具" 📧 属性栏如图 4-56 所示。

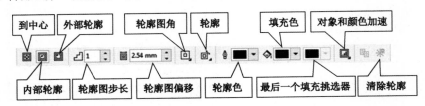

图 4-56 "轮廓图工具"属性栏

1. 到中心

单击此按钮，轮廓图将会形成由图形边缘向中心放射的轮廓图效果，不能调整轮廓图的步长，轮廓图步长将根据所设置的轮廓偏移量自动地进行调整，如图 4-57 所示。

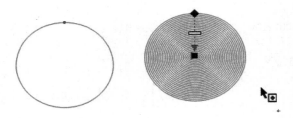

图 4-57 到中心

2. 内部轮廓

单击此按钮，轮廓图将会形成由图形边缘向内部放射的轮廓图效果，在这种方式下，可以调整轮廓图步长和轮廓图的偏移量，效果如图 4-58 所示。

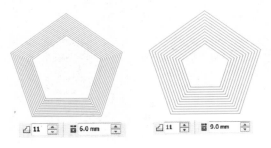

图 4-58 内部轮廓

3. 外部轮廓

单击此按钮，轮廓图将会形成由图形边缘向外部放射的轮廓图效果，可以调整轮廓图步长和轮廓图的偏移量，效果如图 4-59 所示。

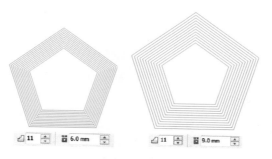

图 4-59　外部轮廓

4. 轮廓色类型

用于设置轮廓色的颜色渐变序列。单击该按钮 ⊡，会出现下拉列表，如图 4-60 所示，包括"线性轮廓色" ⊡（使用直线颜色渐变的方式填充轮廓图的颜色）、"顺时针轮廓色" ⊡（使用色轮盘中的顺时针方向填充轮廓图的颜色）及"逆时针轮廓色" ⊡（使用色轮盘中的逆时针方向填充轮廓图的颜色）。

5. 轮廓色颜色

用于改变轮廓图中最后一轮轮廓图的轮廓颜色，同时过渡的轮廓色也将随之改变。单击该按钮右侧的黑色小箭头 ◊ ■ ▾，会出现下拉列表，如图 4-61 所示。

⊡　线性轮廓色

⊡　顺时针轮廓色

⊡　逆时针轮廓色

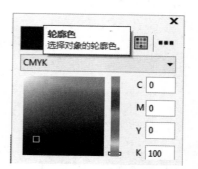

图 4-60　"轮廓色"类型下拉列表　　　　　图 4-61　"轮廓色"颜色下拉列表

6. 填充色

改变轮廓图中最后一轮轮廓图的填充颜色，同时过渡的填充色也将随之改变。

7. 对象和颜色加速

调整轮廓图的形状与颜色从第一个对象向最后一个对象变换时的速度，效果如图 4-62 所示。

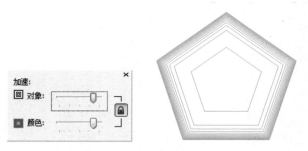

图 4-62　"对象和颜色加速"效果

8. 分离与清除轮廓图

选择需要分离的轮廓图形，选择菜单"对象"→"拆分轮廓图群组"命令，可将轮廓图对象分离。分离后的轮廓图，可以用选择工具选中进行其他操作。单击属性栏中的"清除轮廓"按钮 ⚞，则清除对象的调和效果，只保留调和前的对象。"分离"与"清除"轮廓的效果如图 4-63 所示。

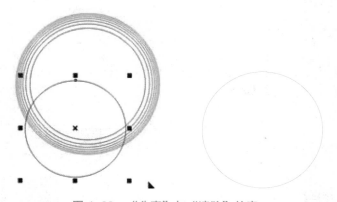

图 4-63　"分离"与"清除"轮廓

4.5 阴影工具

在 CorelDRAW 中，可以使用"阴影工具" ▢，使对象产生阴影效果，从而使对象产生较强的立体感。创建阴影效果后，若对创建的阴影效果不满意，可以通过改变属性栏的设置来调整阴影的效果，如图 4-64 所示。

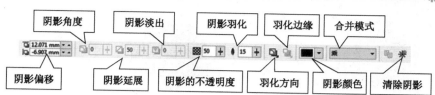

图 4-64　阴影工具属性栏

1. 阴影偏移

用来设置阴影与图形之间偏移的距离。"正值"表示向上或向右偏移,"负值"表示向下或向左偏移。注意,要先在对象上创建对象的阴影效果后,才能对此选项进行操作。不同偏移量对应的效果如图 4-65 所示。

图 4-65　不同的"阴影偏移"效果

2. 阴影角度

用来设置对象与阴影之间的透视角度。在对象上创建了透视的阴影效果后,该选项才能使用,图 4-66 所示为设置"阴影角度"为 40 的效果。

3. 阴影不透明度

用来设置阴影的不透明程度。数值越大,透明度越小,阴影的颜色越深;数值越小,透明度越大,阴影的颜色越浅,图 4-67 所示是两种不同的阴影透明效果。

图 4-66　设置"阴影角度"为 40 的效果

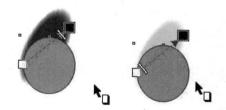

图 4-67　不同的阴影透明效果

4. 阴影羽化

用来设置阴影的羽化程度,使阴影产生不同程度的边缘柔和效果,不同的阴影羽化效果如图 4-68 所示。

交互式工具组的使用

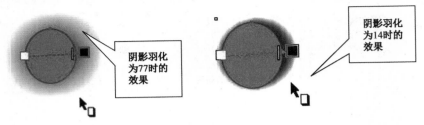

图 4-68 不同的阴影羽化效果

5. 阴影羽化方向

用来控制阴影羽化的方向，"阴影羽化方向"有"高斯式模糊""向内""中间""向外"和"平均"5 种类型，默认为"高斯式模糊"，其他 4 种羽化效果如图 4-69 所示。

图 4-69 4 种"阴影羽化方向"的对比效果

6. 分离与清除阴影

可以将对象和阴影分离成两个相互独立的对象，分离后的对象和阴影仍保持原有颜色和状态不变。选择阴影对象，选择菜单"对象"→"拆分阴影群组"命令，即可将对象与阴影分离。使用"选择工具"移动对象或阴影，可以清楚地看到分离后的效果，如图 4-70 所示。

图 4-70 分离阴影效果

选择整个阴影对象，单击属性栏中的"清除阴影"按钮，可取消阴影。

4.6 封套工具

在 CorelDRAW 中，"封套工具" 为对象（包括线条、美术字和段落文本框）提供了一系列的造型效果，通过调整封套的造型，可以改变对象的外观。封套效果不仅应用于单个图形对象、文本，也可以用于多个群组后的图形和文本对象。

1. 编辑封套效果

封套由多个节点组成，可以移动这些节点为封套造型，从而改变对象形状，也可以应用符合对象形状的基本封套或应用预设的封套。应用封套后，可以对它进行编辑，或添加新的封套来继续改变对象的形状，CorelDRAW 还允许复制和移除封套。"封套工具"属性栏如图 4-71 所示。

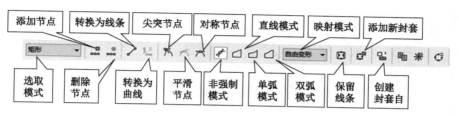

图 4-71　"封套工具"属性栏

- 封套的直线模式▢：移动封套控制点时，可以保持封套的边线为直线段。
- 封套的单弧模式▢：移动封套控制点时，封套的边线将变为单弧线。
- 封套的双弧模式▢：移动封套控制点时，封套的边线将变为 S 形弧线。
- 封套的非强制模式▢：创建任意形式的封套，允许改变节点的属性以及添加和删除节点。
- 添加新封套▢：应用该模式后，蓝色的封套编辑框将恢复为未进行任何编辑时的状态，而应用了封套效果的图形对象仍会保持封套效果，不同的封套模式如图 4-72 所示。

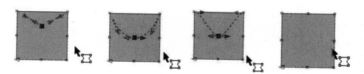

图 4-72　"封套"的不同模式

2. 添加和删除控制节点

- 直接在封套线上需要添加节点处双击，可添加控制节点。
- 在封套线上需要添加节点处右击，在快捷菜单中选择"添加"，可添加控制节点。
- 在封套线上单击需要添加节点处，再单击属性栏上的"添加节点按钮"▨，可添加控制节点。
- 在封套线上需要删除的节点上右击，在快捷菜单中选择"删除"，可删除控制节点。
- 在封套线上单击需要删除的节点，再单击属性栏上的"删除节点按钮"▨，可删除控制节点。

4.7 立体化工具

利用"立体化工具" 可以将任何一个封闭曲线或艺术文字转化为立体的、具有透视效果的三维对象，还可以像专业三维软件一样，让用户任意调整灯光设置、色彩、倒角等。通过"立体化工具"属性栏的设置，可以设计出多种图形效果，如图 4-73 所示。

图 4-73 "立体化工具"属性栏

1. 立体化类型

在 CorelDRAW 中，共有 6 种立体化类型，各自的效果如图 4-74 所示。

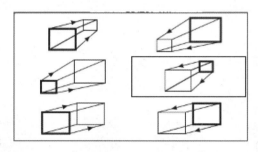

图 4-74 立体化类型

2. 深度

可以用来控制立体化效果的纵深度，数值越大，深度越深。图 4-75 所示为深度分别为 20 和 40 时的立体化效果。

图 4-75 不同的立体化深度效果

3. 灭点坐标

灭点坐标是立体化效果之后，在对象上出现的箭头指示的坐标。用户可以在属性栏的

文本框中输入数值来决定灭点坐标，效果如图 4-76 所示。

图 4-76　灭点坐标

4. 灭点属性

- "灭点锁定到对象"：立体化效果中灭点的默认属性，指将灭点锁定在对象上。
- "灭点锁定到页面"：当移动对象时，灭点的位置保持不变，对象的立体化效果随之改变。
- "复制灭点，自……"：选择该选项后，鼠标指针的状态发生改变，可以将立体化对象的灭点复制到另一个立体化对象上。
- "共享灭点"：选择该选项后，单击其他立体化对象，可以使多个对象共同使用一个灭点，如图 4-77 所示。

图 4-77　共享灭点

5. 立体化旋转

用于改变立体化效果的角度。单击"立体化旋转"按钮，在弹出面板的圆形范围内，拖动"+"形透视手柄，立体化对象的效果会随之发生改变；也可单击面板中的"旋转值"按钮，输入旋转值，改变立体化效果的角度，如图 4-78 所示。

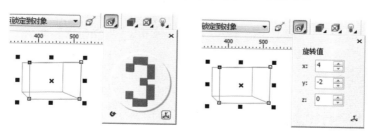

图 4-78　设置"立体化旋转"

6. 立体化颜色

单击"立体化颜色"按钮，可以设置立体化效果的颜色。在弹出的"颜色"面板中，有 3 个功能按钮，分别为"使用对象填充""使用纯色"和"使用递减的颜色"，如图 4-79 所示。

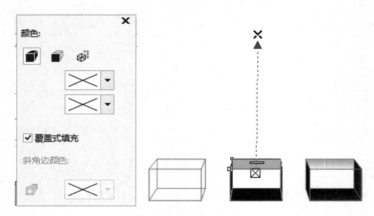

图 4-79　设置"立体化颜色"

7. 立体化倾斜

单击"立体化倾斜"按钮，在弹出的面板中为立体化对象应用"斜角修饰边"效果，如图 4-80 所示，依次为不使用斜角修饰边、选中"使用斜角修饰边"和"只显示斜角修饰边"复选框后的效果。选择菜单"对象"→"拆分斜角立体化群组"命令，可以将立体化对象进行拆分。

图 4-80　设置"立体化斜角修饰边"

8. 立体化照明

单击"立体化照明"按钮，弹出的面板中有 3 个光源，选择不同的光源，可以调整立体化的灯光效果，如图 4-81 所示。

将鼠标指针移到"光线强度预览"圆球的数字上按住左键拖动，圆球上的数值位置会发生改变，立体化效果的灯光照明效果也会随之发生改变。

图 4-81 "立体化照明"效果

一、填空题

1."交互式工具组"包括＿＿＿＿＿＿＿、＿＿＿＿＿＿、＿＿＿＿＿＿＿、＿＿＿＿＿＿、＿＿＿＿＿＿、＿＿＿＿＿＿、＿＿＿＿＿＿7个工具。

2．在 CorelDRAW 中，封套效果不仅可以应用于单个图形对象和文本，也可以应用于＿＿＿＿＿＿的图形和文本对象。

3."调和工具"用于在两个对象之间产生过渡的效果，包括＿＿＿＿＿＿、＿＿＿＿＿＿、＿＿＿＿＿＿3 种形式。"路径调和"中单击＿＿＿＿＿＿＿＿，选中"沿全路径调和"，可以使调和对象均匀地按路径进行排列。

4．在 CorelDRAW 中，"轮廓图"的效果与调和相似，主要用于单个图形的中心轮廓线，形成以图形为中心渐变产生的边缘效果。轮廓图的方式包括＿＿＿＿＿＿、＿＿＿＿＿＿、＿＿＿＿＿＿3 种形式。

5．在 CorelDRAW 中，使用"变形工具"可以对被选中的对象进行各种变形效果处理，主要有＿＿＿＿＿＿、＿＿＿＿＿＿、＿＿＿＿＿＿3 种变形效果，可以通过调整属性栏参数的设置进行修改。

6."拉链变形"将锯齿效果应用于对象的边缘，可以通过设置属性栏中＿＿＿＿和＿＿＿＿的数值进行调整。

7."阴影工具"中的阴影偏移是用来设置阴影与图形之间的偏移距离的。＿＿＿＿表示向上或向右偏移，＿＿＿＿表示向下或向左偏移。

二、上机实训

1．使用"变形工具""调和工具"绘制花朵和绿叶，制作如图 4-82 所示"花儿开放"的效果。

图 4-82　"花儿开放"效果

2．运用"调和工具""轮廓图工具""图框精确剪裁"等工具绘制如图 4-83 所示的少儿活动标志。

图 4-83　"少儿活动标志"效果

3．运用"透明度工具"和"阴影工具"绘制如图 4-84 所示的"表情按钮"。

图 4-84　"表情按钮"效果

案例7　简洁美观——设计房屋宣传海报

☑ **案例描述**

　　将位图文件"花 1.jpg""花 2.jpg""小区外观.jpg"形成房屋宣传海报，表达内容精练，整体简洁美观，最终效果如图 5-1 所示。

图 5-1　"房屋宣传海报"效果图

🔊 案例解析

在本案例中，需要完成以下操作：

- 使用"矩形工具"完成背景的设计。
- 运用"编辑位图"命令，在 Corel PHOTO-PAINT 窗口中对位图进行编辑。
- 运用"描摹位图"命令，将位图转换为矢量图，在 CorelDRAW 中对其进行编辑。
- 运用"置于文本框内部"命令，完成位图与矢量图的融合。
- 使用"文本工具"为画面添加文字。

（1）选择"文件"→"新建"命令，打开"创建新文档"对话框，在弹出的对话框中设置版面为"纵向"，创建一个名称为"房屋宣传海报"的新文档。

（2）使用"矩形工具"绘制一个矩形作为背景，填充为黑色。再绘制一个稍小的矩形，填充为白色，设置轮廓色为无，如图 5-2 所示。

（3）选择"文件"→"导入"命令，导入素材库中的位图文件"花 1.jpg"，调整图像在画面中的位置，如图 5-3 所示。

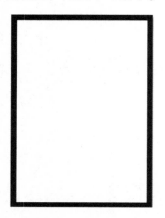

图 5-2　绘制背景

图 5-3　导入位图

（4）选中"花 1"，单击属性栏中"编辑位图"按钮，打开"Corel PHOTO-PAINT"窗口，如图 5-4 所示。

图 5-4　Corel PHOTO-PAINT 窗口

（5）按住左列工具栏中的"矩形遮罩"工具按钮，在下拉列表中选择"魔棒遮罩"工具。单击画面中的白色区域，形成遮罩，如图 5-5 所示。选择菜单"遮罩"→"反转"命令，形成花的遮罩，如图 5-6 所示。

（6）选择菜单命令"遮罩"→"给遮罩着色"，效果如图 5-7 所示。单击"完成设置"按钮，完成对花朵部分的抠图。关闭 Corel PHOTO-PAINT 窗口，回到 CorelDRAW 主窗口。

图 5-5　遮罩效果　　　　图 5-6　遮罩反转效果　　　　图 5-7　给遮罩着色后效果

（7）选择"文件"→"导入"命令，导入素材库中的位图文件"花 2.jpg"，调整图像在画面中的位置，如图 5-8 所示。

（8）选中"花 2"，单击属性栏中"编辑位图"按钮，打开 Corel PHOTO-PAINT 窗口，选择"魔棒遮罩"工具。单击画面中的白色区域，形成遮罩。选择菜单命令"遮罩"→"反转"，选取花的部分。选择工具箱中的"填充"工具，填充颜色设为黑色，单击花朵部分，完成对花朵部分的填充，如图 5-9 所示。

图 5-8　导入"花 2"　　　　　　图 5-9　给"花 2"填充黑色

（9）选中"花 2"，单击属性栏中"描摹位图"按钮，在下拉菜单中选择"快速描摹"，将位图"花 2"转成矢量图。

（10）选择"文件"→"导入"命令，导入素材库中的位图文件"小区外观.jpg"，调整位置，如图 5-10 所示。

（11）选中位图"小区外观"，选择菜单"对象"→"PowerClip"→"置于图文框内部"命令，出现箭头后，单击"花 2"，效果如图 5-11 所示。

位图、文本和表格的处理

图 5-10　导入位图 "小区外观"

（12）单击 "编辑 PowerClip" 按钮，调整 "小区外观" 图的大小和位置，效果如图 5-12 所示。

图 5-11　置于图文框内部　　　　　　　　　　图 5-12　编辑 PowerClip 后

（13）输入文字，保存文件，最终效果如图 5-1 所示。

案例 8　真实诚信——设计房屋销售图表

✓ 案例描述

　　将位图文件 "规划.jpg" "物业.jpg" "配套.jpg" "户型.jpg" 进行编辑、合成，绘制表格，形成房屋销售图表，展示的内容真实可信，表达 "诚信可靠" 的形象，最终效果如图 5-13 所示。

图 5-13 "房屋销售图表"效果图

案例解析

在本案例中，需要完成以下操作：

- 使用"矩形工具"绘制背景并填充颜色。
- 使用辅助线规划页面，导入位图。
- 使用"文本工具"输入文字。
- 使用"表格工具"创建表格。
- 在表格内输入文字，对表格进行编辑。

（1）选择"文件"→"新建"命令，打开"创建新文档"对话框，设置版面为"纵向"，创建一个名称为"房屋销售图表"的新文档。

（2）使用"矩形工具"绘制一个矩形作为背景，无轮廓，填充为 C：9 M：0 Y：4 K：0。再绘制一个稍小的矩形，无填充，设置轮廓色为黑色，如图 5-14 所示。

（3）使用辅助线，规范一下页面布局，如图 5-15 所示。

图 5-14　绘制背景

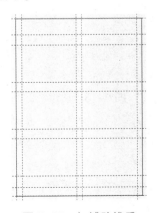

图 5-15　加辅助线后

（4）导入图片，放到合适的位置，如图 5-16 所示。

（5）使用"文本工具"在合适位置添加文字。页面标题文字字体为"华文中宋"，大小为"36pt"，填充为"底纹填充"中的"树胶水彩"。图片上的标题文字字体为"黑体"，大小为"24pt"，填充为黑色。"电话详询"为"宋体"，大小为"18pt"，后面的电话号码大小为"24pt"。"营销中心"部分为"宋体"，大小为"18pt"，去掉辅助线，最后效果如图 5-17 所示。

图 5-16　导入图片后

图 5-17　添加文字后

（6）选择"表格工具"，在属性栏中设置"行数"为 5，"列数"为 5。在"帮您算账　一目了然"下方拖动鼠标，绘制出 5 行 5 列的表格。

（7）使用"选择工具"选中表格，在属性栏中单击"边框选择"按钮田，在打开的列表中选择"全部"，接着设置"轮廓宽度"为 0.5mm，轮廓颜色为"浅蓝"（C:42 M:26 Y: 0 K: 0），如图 5-18 所示。

（8）使用"文本工具"在单元格内部输入文字，在属性栏中设置字体为"楷体"，大小为"24pt"，文字为"水平方向"，文字"居中对齐"，颜色为黑色，如图 5-19 所示。

帮您算账　一目了然

图 5-18　创建表格

帮您算账　一目了然

户型	面积	首付	月供	其他
A	108			
B	120			
C	150			
D	210			

图 5-19　为表格添加文字

（9）使用"表格工具"，当鼠标指针指向表格第一行左端出现向右的小箭头时，单击，选中第一行，如图 5-20 所示。单击属性栏的"编辑填充"按钮，在弹出的对话框中选择"均匀填充"，颜色为浅黄色，如图 5-21 所示。

（10）保存文件，最终效果如图 5-13 所示。

图 5-20 选中首行单元格　　　　　　　图 5-21 为首行单元格填充颜色

5.1 位图与矢量图的转换

位图、文本和表格的处理

1. 矢量图转换为位图

选择要转换为位图的矢量图，选择菜单"位图"→"转换为位图"命令，弹出"转换为位图"对话框。在该对话框中，进行相应的设置，如图 5-22 所示。最后，单击"确定"按钮，完成矢量图到位图的转换。转换成位图后，可以进行位图的相应操作，但无法进行矢量编辑。

图 5-22 "转换为位图"对话框

（1）分辨率

用于设置对象转换成位图后的清晰程度，可以在分辨率下拉列表中选择分辨率数值，也可以在文本框中直接输入需要的数值。数值越大，图像越清晰；数值越小，图像越模糊。

（2）颜色模式

用于设置位图的颜色显示模式，包括"黑白（1 位）""16 色（4 位）""灰度（8 位）""调色板色（8 位）""RGB 色（24 位）""CMYK 色（32 位）"。颜色位数越多，颜色越丰富。

（3）递色处理的

该复选框在可使用颜色位数少时被激活，如 8 位或更少。勾选该选项后，转换后的位图会以模拟的颜色块来丰富颜色效果；不勾选时，转换的位图仅以选择的颜色模式显示。将矢量图"荷塘月色"转换为位图，"颜色模式"设置为"黑白（1 位）"，勾选"递色处理的"与不勾选进行比较，如图 5-23 所示。

图 5-23   勾选"递色处理的"的效果与不勾选的效果

（4）总是叠印黑色

该复选框在"CMYK 色"模式下被激活。勾选该选项，可以在印刷时避免套版不准和露白现象。

（5）光滑处理

使转换的位图边缘平滑，去除边缘锯齿。

（6）透明背景

勾选该选项，可以使转换的对象背景透明。不勾选时，显示白色背景。

2. 位图转换成矢量图

通过执行"描摹位图"命令，即可将位图按不同的模式转换为矢量图。选择要转换为矢量图的位图，在属性栏中单击"描摹位图"按钮，弹出下拉列表，如图 5-24 所示，从中选择某种描摹方式。或者选择菜单"位图"中的相关命令，如图 5-25 所示。

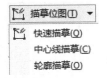

图 5-24   属性栏中"描摹位图"下拉列表   图 5-25   "位图"菜单中的相关命令

（1）快速描摹

使用"快速描摹"命令，可以实现一键描摹，快速完成位图到矢量图的转换。选中位图，选择菜单"位图"→"快速描摹"命令，或者选择属性栏"描摹位图"下拉菜单中的"快速描摹"命令，即可把位图转换成矢量图。这时，所有的对象群组为一个整体。因此，选择"取消组合对象"命令后，就可以重新调整每个色块的形状和颜色，也可以删除某一部分，如图 5-26 所示。

图 5-26 "快速描摹"位图并删除部分色块

（2）中心线描摹

"中心线描摹"使用未填充的封闭和开放曲线来描摹位图，用于技术图解、线描画和拼版等。中心线描摹方式包括"技术图解"和"线条画"。

选中位图对象，选择菜单"位图"→"中心线描摹"→"技术图解/线条画"命令，或者选择属性栏"描摹位图"下拉菜单中"中心线描摹"中的任一命令，弹出"PowerTRACE"对话框，如图 5-27 所示。在"PowerTRACE"对话框中设置相应参数，然后在预览视图上查看调节效果，单击"确定"按钮，完成描摹。

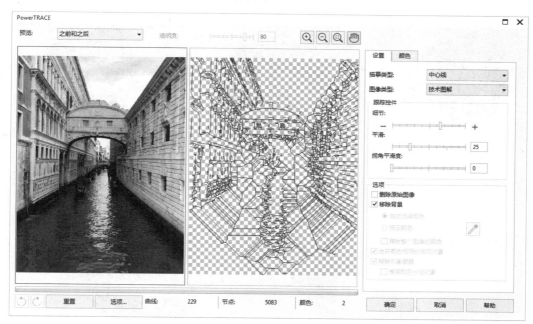

图 5-27 "PowerTRACE"对话框

（3）轮廓描摹

"轮廓描摹"又称"填充描摹"，使用无轮廓的曲线色块来描摹图像，它有以下几种描摹方式：线条图、徽标、详细徽标、剪贴画、低品质图像和高品质图像。

● 线条图

用于突出描摹对象的轮廓效果。选中位图对象，选择菜单"位图"→"轮廓描摹"→"线条图"命令，或者选择属性栏"描摹位图"下拉菜单中"轮廓描摹"中的"线条图"命令，弹出"PowerTRACE"对话框，在该对话框中设置相应参数，单击"确定"按钮，完成描摹，如图 5-28 所示。

图 5-28　原图与"线条图"描摹效果

● 徽标、详细徽标

"徽标"描摹主要描摹细节和颜色较少的简单徽标；"详细徽标"描摹主要描摹包含精细细节和许多颜色的徽标。如图 5-29 所示，把位图的徽标转换为矢量图的徽标，这样可以对每一个局部的形状、颜色进行灵活的调整。矢量图的徽标可以自由缩放，不易变形，在实际应用中更为方便。

图 5-29　原图、"徽标"描摹效果和"详细徽标"描摹效果

● 剪贴画

根据复杂程度、细节量和颜色数的不同来描摹对象，如图 5-30 所示。

图 5-30　原图和"剪贴画"描摹效果

● 低品质图像、高品质图像

"低品质图像"用于描摹细节不足的图片，或者需要忽略细节的图片；"高品质图像"用于描摹高质量、超精细的图片，如图 5-31 所示。

图 5-31 "低品质图像"与"高品质图像"描摹对比效果

5.2 图像调整

1. 自动调整

通过检测最亮的区域和最暗的区域，自动调整每个色调的校正范围，自动校正图像的对比度和颜色。在某些情况下，只需使用此命令就能改善图像质量。选择要调整的位图，选择菜单"位图"→"自动调整"命令。

2. 图像调整实验室

在"图像调整实验室"中可以更加准确、精细地调整校正位图的颜色和色调。选择菜单"位图"→"图像调整实验室"命令，弹出如图 5-32 所示的"图像调整实验室"窗口。

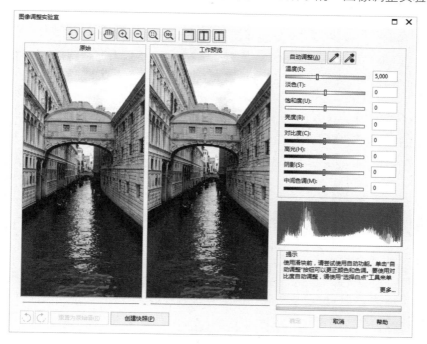

图 5-32 "图像调整实验室"窗口

（1）"选择白点"工具与"选择黑点"工具

使用"选择白点"工具单击图像中最亮的区域，可以调整对比度。使用"选择黑点"工具单击图像中最暗的区域，可以调整对比度。分别使用"选择白点"工具和"选择黑点"工具单击人物额头处，调整后的效果如图 5-33 所示。

图 5-33　分别使用"选择白点"和"选择黑点"工具单击额头后的对比效果

（2）"温度"滑块

通过调整图像中颜色的暖冷来实现颜色转换，从而补偿拍摄相片时的照明条件。例如，在室内昏暗的白炽灯照明条件下拍摄相片，略显黄色，可以将温度滑块向蓝色的一端移动，以校正图像偏色。

（3）"淡色"滑块

通过调整图像中的绿色或品红色来校正颜色，可通过将淡色滑块向右侧移动来添加绿色，将滑块向左侧移动来添加品红色。调整"温度"滑块后，可以通过移动"淡色"滑块对图像进行微调。

（4）"饱和度"滑块

调整颜色的鲜明程度。将滑块向右侧移动，可以提高图像的鲜明程度；将滑块向左侧移动，可以降低颜色的鲜明程度。该滑块移动到最左端，可以移除图像中的所有颜色，从而创建黑白相片效果。

（5）"亮度"滑块

调整整幅图像的明暗度。向右滑动，图像越明亮；向左滑动，图像越暗。可校正因拍摄时光线太强（曝光过度）或光线太弱（曝光不足）导致的曝光问题。

（6）"对比度"滑块

用于增加或减少图像中暗色区域和明亮区域之间的色调差异。向右移动滑块，可以使明亮区域更亮，暗色区域更暗。如果图像呈现暗灰色调，可以通过提高对比度使细节鲜明化。

（7）"高光"滑块

调整图像中最亮区域的亮度。如果使用闪光灯拍摄相片，闪光灯会使前景主题褪色，可以向左侧移动"高光"滑块，使图像的退色区域变暗。

（8）"阴影"滑块

调整图像中最暗区域的亮度。拍摄相片时相片主题后面的亮光（逆光），可能会导致该

主题显示在阴影中，可通过向右侧移动"阴影"滑块，使暗色区域显示更多细节，从而校正相片。

（9）"中间色调"滑块

调整图像内中间范围色调的亮度，丰富图像层次。调整高光和阴影后，可以使用"中间色调"滑块对图像进行微调。

（10）创建快照

可以随时在"快照"中捕获校正后的图像版本，快照的缩略图出现在窗口中的图像下方。通过快照，可以方便地比较校正后的不同图像版本，进而选择最佳图像。

5.3 矫正图像

使用"矫正图像"功能，可以很方便地对画面内容有倾斜的位图进行裁切处理，得到端正的图像效果。选中位图后，选择菜单"位图"→"矫正图像"命令，即打开"矫正图像"窗口，如图 5-34 所示。

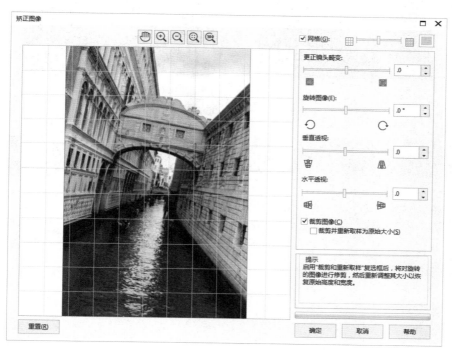

图 5-34　"矫正图像"窗口

（1）"旋转图像"选项

拖动滑块或直接输入数值，图像就能以顺时针或逆时针方向旋转，预览窗口中将自动显示旋转后可以最大限度裁切的范围。

（2）"裁剪图像"复选框

勾选该选项，单击"确定"按钮对图像执行裁切操作。

（3）"裁剪并重新取样为原始大小"复选框

勾选该选项，可以使图像在被裁切后，自动放大到与原图相同的尺寸；不勾选该选项，则只能保留被裁切后剩余的图像大小。

（4）"网格"选项

可以在颜色面板中设置参考网格的颜色。拖动滑块，可以对网格的疏密做调整。

图 5-35 为图像矫正前后的对比效果。

图 5-35　图像矫正前后对比效果

5.4　编辑位图

选中要编辑的位图，单击属性栏中的"编辑位图"命令按钮，或者选择菜单"位图"→"编辑位图"命令，打开 Corel PHOTO-PAINT 窗口，如图 5-4 所示。在该窗口中，可以对位图进行一些常规处理和艺术化处理。编辑完成后，关闭该窗口，即可将编辑好的位图转回 CorelDRAW 进行使用。下面介绍 Corel PHOTO-PAINT 窗口中的主要工具。

1. 遮罩工具组

遮罩工具组包括"矩形遮罩工具""椭圆形遮罩工具""手绘遮罩工具""圈选遮罩工具""磁性遮罩工具""魔棒遮罩工具"和"笔刷遮罩工具"。

（1）矩形遮罩工具 ⬚ 和椭圆形遮罩工具 ⬭

选择矩形遮罩工具或椭圆形遮罩工具，按住鼠标的左键，在画面上拖出需要的矩形和椭圆形遮罩选区。若要取消遮罩选区，可在遮罩选区外单击，也可以选择菜单"遮罩"→"移除"命令。

（2）手绘遮罩工具

选择"手绘遮罩工具"，使用时按住鼠标的左键，在画面上画出需要的遮罩选区，在结尾处双击左键。

（3）圈选遮罩工具

选择"圈选遮罩工具"，在画面上选择一个起始点，单击，移动鼠标，在图形转折处再单击，回到起始点，双击左键，形成新遮罩选区，如图5-36所示为圈选篮球的过程。

图5-36　圈选篮球的过程

（4）磁性遮罩工具

会自动识别图形边界，用于处理色彩分明或明暗色差较大的位图。色差小的位图，边界不易识别，不宜选用磁性遮罩工具。选择"磁性遮罩工具"，选择一个起始点，单击，沿图形边线移动鼠标，在图形转折处及磁性遮罩工具不易识别的地方单击，继续移动鼠标回到起始点，双击左键，形成新的遮罩选区。

（5）魔棒遮罩工具

魔棒遮罩工具是遮罩工具组的重点，用于选择某些相近的颜色，创建遮罩选区。在需要选择的区域直接单击，如果需要选择多个区域，可按住Shift键继续单击。属性栏中的"容限"用于调整相邻像素之间的颜色相似性或色度级别，容限越大，魔棒的选择区越大；反之，魔棒的选择区越小。

（6）笔刷遮罩工具

选择"笔刷遮罩工具"，按住鼠标的左键，在画面上拖动画出遮罩选区，如图5-37所示。可在属性栏调整笔刷的大小、形状的数值。

图5-37　"笔刷遮罩工具"的使用及效果

位图、文本和表格的处理

2. 裁剪工具 ㄥ

裁剪位图时按住左键在画面上拖动，到达预定位置时松开鼠标，双击裁剪区，即可完成裁剪。选择裁剪区域后，还可以对四个角和四边的控制点进行调整，以做到精确裁剪。

3. 滴管工具 ✐

"滴管工具"可以对图像中的颜色进行取样。为前景色取样，可单击所需的颜色，前景色色样显示取样的颜色；为背景色取样，可按住 Ctrl 键，同时单击所需的颜色，背景色色样显示取样的颜色。

4. 橡皮擦工具 ▣

选择"橡皮擦工具"，按住左键在图像中拖动，即可实现擦除。擦出的颜色为背景色，改变背景色，擦出的底色随之改变，如图 5-38 所示。如果想实现水平擦除或垂直擦除，可按住 Ctrl 键的同时拖动左键。按住 Shift 键的同时，在窗口中上下拖动鼠标，可以调整笔尖的大小。在属性栏中，可以更为精确地调整橡皮擦大小、形状、透明度、羽化值等。

图 5-38　背景色分别为白色和绿色时的"橡皮擦"擦除效果

5. 文本工具 字

使用"文本工具"，可从属性栏中选择字体、高度等选项，在图像窗口中单击，出现光标后输入相应文本。

6. 克隆工具组

克隆工具组包括克隆工具、去除红眼工具、润色笔刷工具、修复克隆工具。

（1）克隆工具 ▮▮

可以将图像中的像素从一个区域复制到另一个区域，覆盖图像中的受损元素或不需要的元素。

进行克隆时，图像窗口显示两个笔刷："源点笔刷"和"克隆笔刷"，有十字线指针的是源点笔刷。首先，单击被复制的源对象，出现带有十字的圆形笔刷，表示设置好了源点笔刷。其次，在要复制的位置单击并拖动鼠标，出现圆形的克隆笔刷，随着鼠标移动，"源点笔刷"同步取样。最后，完成克隆，如图 5-39 所示。

图 5-39　克隆工具的使用

（2）去除红眼工具

当相机闪光灯的光线反射到人物的眼睛时，便会产生红眼。选择去除红眼工具，在属性栏中的"大小"框中设置数值，使笔刷大小与红眼大小匹配，单击红眼区域，即可将红色去除。

（3）润色笔刷工具

通过调和颜色移除图像中的瑕疵。在属性栏"大小"框中输入一个值来指定笔尖大小，从"浓度"框中选择一个值来设置笔刷颜色的浓度，在需要润色的地方单击即可。

7. 绘画工具组

绘画工具组包括绘制工具、图像喷涂工具、撤销笔刷工具、替换颜色笔刷工具。

（1）绘制工具

可以模拟各种绘画形式。可在属性栏设置笔刷类型、大小、形状等笔刷外观，笔刷的颜色由前景色决定。

（2）图像喷涂工具

使用小型全色位图来代替笔刷绘图。笔刷类型列表里预设了各种图像，也可以自己创建编辑源图像加载到笔刷类型图像列表中。例如，在笔刷类型中选择"星团"笔刷，选用合适的笔尖大小在画面中单击，画面中呈现零散的星光，如图 5-40 所示。

图 5-40　图像喷涂工具的运用

位图、文本和表格的处理

8. 前景色、背景色

图标 上面的选色框用来设置前景色，双击该框，弹出"前景色调色"对话框，选择需要的颜色。当使用绘画工具时，显示的笔触颜色是前景色。

下面的选色框用来设置背景色。双击选色框，会弹出"背景色调色"对话框，在此进行背景色的设置。当使用橡皮擦等工具擦除时，擦出的是背景色。

5.5 位图颜色遮罩

选中位图，选择菜单"位图"→"位图颜色遮罩"命令，打开如图 5-41 所示的"位图颜色遮罩"泊坞窗。通过"位图颜色遮罩"泊坞窗，可实现隐藏颜色和显示颜色两个功能。

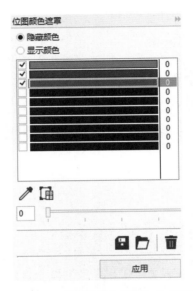

图 5-41　"位图颜色遮罩"泊坞窗

1. 隐藏颜色与显示颜色

隐藏颜色用于为图像隐藏背景或隐藏图像中某一部分像素。

显示颜色用于只保留图像中选定的某一部分像素，而去除其他的像素。

2. 颜色选择滴管

用"颜色选择滴管"在图像中选取要隐藏或显示的颜色。

3. 容限

容限用来设置隐藏颜色的范围，容限越大，隐藏或显示颜色的范围越大。

如图 5-41 所示，选择"隐藏颜色"单选按钮，用"颜色选择滴管"在图面中选取 3 处草地背景色，并为各个颜色调整容限大小，单击"应用"按钮，草地背景色被隐藏，如图 5-42 所示。

图 5-42 "隐藏颜色"效果

5.6 重新取样

选择"重新取样"命令，可以对导入的位图进行尺寸和分辨率的调整。根据分辨率的大小决定文档输出的模式，分辨率越大，文件越大。

选中位图对象，选择菜单"位图"→"重新取样"命令，或者单击属性栏中的"对位图重新取样"按钮，打开"重新取样"对话框，如图 5-43 所示。

图 5-43 "重新取样"对话框

在"图像大小"下的"宽度"和"高度"文本框中输入数值，可以改变位图的大小。在"分辨率"下的"水平"和"垂直"文本框中输入数值，可以改变位图的分辨率。文本框前面的数值为原位图的相关参数，可以参考进行设置。

勾选"光滑处理"选项，可以在调整大小和分辨率后平滑图像的锯齿。勾选"保持纵

横比"选项，可以在设置时保持原图的比例，保证调整后不变形。如果仅调整分辨率，就不需勾选"保持原始大小"选项。

5.7 模式转换

在 CorelDRAW 中，可以实现位图对象颜色模式的转换。选择菜单"位图"→"模式"命令，如图 5-44 所示，从其下拉菜单中选择要转换的颜色模式，包括"黑白""灰度""双色""调色板色""RGB 颜色""Lab 色"和"CMYK 色"。

BW	黑白（1 位）(B)...
GRAY	灰度（8 位）(G)...
DUO	双色（8 位）(D)...
PAL	调色板色（8 位）(P)...
RGB	RGB 颜色（24 位）(R)
LAB	Lab 色（24 位）(L)
CMYK	CMYK 色（32 位）(C)

图 5-44　"模式"命令下拉菜单

5.8 位图边框扩充

在编辑位图时，可以对位图进行边框扩充的操作，形成边框效果。边框扩充的方式有自动扩充位图边框和手动扩充位图边框两种。

1. 自动扩充位图边框

选择菜单"位图"→"位图边框扩充"→"自动扩充位图边框"命令，当前面出现对钩时为激活状态，如图 5-45 所示。在系统默认情况下，该选项为激活状态，导入的位图对象均自动扩充边框。

✔	自动扩充位图边框(A)
⊡	手动扩充位图边框(M)...

图 5-45　"位图边框扩充"菜单命令

2. 手动扩充位图边框

选择菜单"位图"→"位图边框扩充"→"手动扩充位图边框"命令，打开"位图边框扩充"对话框，如图 5-46 所示。在该对话框中更改"宽度"和"高度"，最后单击"确定"按钮，完成边框扩充。勾选对话框中的"保持纵横比"选项，可以按原图的宽高比例进行扩充。扩充后，对象的扩充区域为白色。

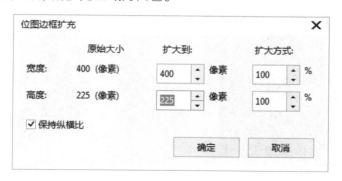

图 5-46 "位图边框扩充"对话框

5.9 位图的艺术效果

在 CorelDRAW 中，为位图预设了多种多样的艺术效果。在"位图"菜单中，从"三维效果"到"鲜明化"全部都是为位图添加艺术效果的命令。可以根据设计需要，把位图处理成各种风格。

1. 三维效果

图像应用三维效果，可使画面产生纵深感。三维效果包括三维旋转、柱面、浮雕、卷页、透视、挤近/挤远、球面。下面介绍常用的几种三维效果。

（1）三维旋转

"三维旋转"命令可以使图像产生一种旋转透视的立体效果。选中要处理的位图对象，选择菜单"位图"→"三维效果"→"三维旋转"命令，打开"三维旋转"对话框，如图 5-47 所示。在"垂直"和"水平"文本框中输入数据调整旋转角度，也可以拖动左边的小立方体设置旋转角度，单击"确定"按钮完成设置。设置前后的效果如图 5-48 所示。应用"三维旋转"命令后，使用"形状工具" 分别调整图片四角的节点，将变形图片中的空白区域隐藏起来。

图 5-47 "三维旋转"对话框

图 5-48 原图与"三维旋转"效果

（2）卷页

"卷页"命令可以使图像的某一个角自动卷起。打开"卷页"对话框，如图 5-49 所示，可在该对话框中设置卷角的位置、卷起方向、透明度和大小，也可为卷页选择颜色以及图像卷离页面后所暴露的背景色。分别为位图设置左下角和右上角卷页，设置后的效果如图 5-50 所示。

图 5-49 "卷页"对话框

图 5-50 "卷页"效果

（3）球面 ◑

可将图像弯曲为内球面或外球面。打开"球面"对话框，如图 5-51 所示，设置弯曲区域的中心点，"百分比"滑块控制弯曲度，正值使像素产生凸起形状，负值使像素产生凹

陷形状。球面效果会产生荒诞、滑稽的画面效果，常应用在一些夸张的设计中，如图 5-52 所示。

图 5-51 "球面"对话框

原图　　　　　　　　　凸面效果　　　　　　　　　凹面效果

图 5-52 应用"球面"前后对比效果

2. 艺术笔触

应用艺术笔触可以为图像增加具有手工绘画外观的特殊效果，此组滤镜中包含 14 种美术技法。下面介绍几种常用的艺术笔触滤镜。

（1）印象派

使图像外观呈现"印象派"绘画的效果。印象派绘画的主要特征是斑驳的色彩和跳跃的笔触，在该对话框中自定义色块或笔刷笔触的大小，并指定图像中的光源量，如图 5-53 所示。应用印象派滤镜后，图片呈现斑斓的手绘效果，如图 5-54 所示。

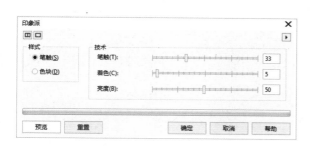

图 5-53 "印象派"笔触对话框　　　　　　　图 5-54 "印象派"笔触效果

（2）素描

"素描"效果可使图像外观呈现为铅笔素描画，表现出丰富的灰调和浓重的线条勾勒。

打开如图 5-55 所示的"素描"笔触对话框，设置相应参数。通过使用"素描"，使图片呈现出铅笔素描画效果，如图 5-56 所示。

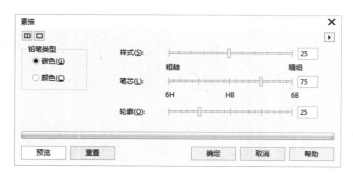

图 5-55 "素描"笔触对话框　　　　　图 5-56 "素描"笔触效果

（3）木版画

应用"木版画"命令，使颜色呈现更简洁的平面，笔刷形状模拟刻刀刻画的痕迹，凸显木版画的神韵，如图 5-57 所示。在该对话框中可以指定颜色密度和笔刷笔触大小。

（4）水彩画

应用"水彩画"命令，使图像外观呈现为水彩画效果，如图 5-58 所示。在该对话框中可以指定笔刷大小，"粒状"滑块设置纸张底纹的粗糙程度，"水量"滑块设置笔刷中的水分值。

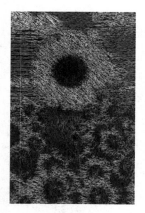

图 5-57 "木版画"笔触效果　　　　　图 5-58 "水彩画"笔触效果

3. 颜色转换

"颜色转换"命令通过改变图像颜色来创建生动的效果。"颜色转换"包括位平面、半色调、梦幻色调及曝光。

（1）位平面

应用"位平面"命令，将图像的颜色以平面化的纯色显示，产生极具装饰感的波普艺术风格，如图 5-59 所示。在"位平面"对话框中，可以调整每个颜色滑块的数值，也可勾选"应用于所有位面"单选按钮，整体进行数值调整。

（2）半色调

应用"半色调"命令，使图像产生彩色的网状外观，如图 5-59 所示。

（3）梦幻色调

应用"梦幻色调"命令，可将图像中的颜色改变为亮闪色，产生高对比度的梦幻色调，如图 5-59 所示。

（4）曝光

应用"曝光"命令，可以反显图像色调变换图像颜色，类似底片的效果，如图 5-59 所示。

"位平面"效果　　　　　　"半色调"效果　　　　　　"梦幻色调"效果　　　　　　"曝光"效果

图 5-59　"颜色转换"效果

4. 轮廓图

应用"轮廓图"，可以检测并强调图片中对象的边缘，并加以描绘。"轮廓图"子菜单包括边缘检测、查找边缘和描摹轮廓。

（1）边缘检测

应用"边缘检测"，可检测图像中的边缘，并将其转换为单色背景，如图 5-60 所示。打开"边缘检测"对话框，可设置背景色颜色，拖动"灵敏度"滑块调整灵敏度。

（2）查找边缘

应用"查找边缘"，可查找图像中的边缘/将边缘转换为柔和线条或实线，如图 5-60 所示。打开"查找边缘"对话框，可设置边缘类型，选择"软"类型，可创建平滑模糊的轮廓；选择"纯色"类型，则创建比较鲜明的轮廓。"层次"滑块调整轮廓颜色层次的多少。

（3）描摹轮廓

应用"描摹轮廓"，可以突出显示图像元素的边缘，如图 5-60 所示。打开"描摹轮廓"对话框，可设置边缘类型，拖动"层次"滑块调整轮廓层次的多少。

"边缘检测"效果　　　　　　　"查找边缘"效果　　　　　　　"描摹轮廓"效果

图 5-60　"轮廓图"效果

5. 创造性

"创造性"用各种趣味性的元素单体，将图像变换为富有创意的抽象画面。"创造性"命令的子菜单包括工艺、晶体化、织物、框架、玻璃砖、儿童游戏、马赛克、粒子、散开、茶色玻璃、彩色玻璃、虚光、旋涡、天气 14 种效果。下面介绍常用的几种效果。

（1）工艺

应用"工艺"，使图像看上去是用工艺形状（如拼图板、齿轮、大理石、糖果、瓷砖和筹码等）创建的，为图片增添了趣味性，如图 5-61 所示。在"创造性"对话框中，可以设置元素单体的大小、角度及亮度。

（2）织物

应用"织物"，使图像外观看上去是用织物（如刺绣、地毯钩织、彩格被子、珠帘、丝带、拼纸等）创建的，如图 5-61 所示。打开"织物"对话框，在"样式"下拉列表中设置织物样式，各种滑块用来调整元素单体大小、多少、亮度及旋转角度。

（3）儿童游戏

以发光栓钉、积木、手指绘画或数字等元素单体重新创建图像，如图 5-61 所示。打开"儿童游戏"对话框，在"游戏"下拉列表中设置元素单体的样式，各种滑块用来调整元素单体大小、多少、亮度及旋转角度。

（4）框架

应用"框架"，可以给图像边缘增加涂刷效果的边框，如图 5-61 所示。打开"框架"对话框，在"选项"栏设置框架样式，"修改"栏中的各种滑块调整框架大小、透明度、旋转角度等。

6. 扭曲

"扭曲"可为图片添加各种扭曲变形的效果，包括 11 种效果，即块状、置换、网孔扭曲、偏移、像素、龟纹、旋涡、平铺、湿笔画、涡流、风吹效果。下面介绍几种常用的扭曲效果。

工艺-拼图板

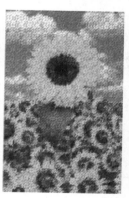
织物-刺绣

儿童游戏-积木

框架-默认

图 5-61　几种"创造性"效果

（1）块状

应用"块状"，可将图像分解为杂乱的块状碎片，如图 5-62 所示。打开"块状"对话框，设置底色（应用该效果后暴露出来）的颜色样式，高度、宽度和偏移滑块调整元素单体大小及偏移角度。

（2）旋涡

应用"旋涡"，可在图像上创建顺时针或逆时针旋涡变形效果，如图 5-62 所示。打开"旋涡"对话框，在"定向"复选框中选择"顺时针"或"逆时针"，设置旋转方向，"整体旋转"滑块调整层级数量，"附加度"滑块调整扭曲幅度。

（3）湿笔画

应用"湿笔画"，可使图像上呈现用湿笔作画，水渍流淌，画面浸染的效果，如图 5-62 所示。打开"湿笔画"对话框，"润湿"滑块调整水量大小，以设定"润湿"的程度。

（4）龟纹

应用龟纹滤镜，可使图像产生波纹效果，如图 5-62 所示。在"主波纹"选项组中设置波动周期及振幅，在"角度"数值框中设置波纹倾斜角度，选择"扭曲龟纹"单选按钮可使波纹发生变形。

块状

旋涡

湿笔画

龟纹

图 5-62　几种"扭曲"效果

位图、文本和表格的处理

5.10 创建表格

创建表格时，既可以直接使用工具进行创建，也可以运用菜单命令创建。

1. 使用表格工具 ⊞ 表格

单击工具箱中的"表格工具"，在属性栏的绘图窗口中拖动鼠标，即可按照属性栏中默认的行数、列数创建表格。之后，可以在属性栏中修改表格的行数和列数，或者进行填充、轮廓设置等操作。

2. 使用菜单命令 ⊞

选择菜单"表格"→"创建新表格"命令，弹出"创建新表格"对话框。在该对话框中，可以设定表格的"行数""栏数""高度""宽度"。设置好后，单击"确定"按钮，即可按照设置创建表格。

5.11 文本与表格的相互转换

1. 将表格转换为文本 ⊞A

选中要转换为文本的表格，选择菜单"表格"→"将表格转换为文本"命令，弹出"将表格转换为文本"对话框，如图 5-63 所示。选择某种"单元格文本分隔依据"，比如选择"用户定义"选项，再输入符号@，单击"确定"按钮，转换前后的效果如图 5-64 所示。

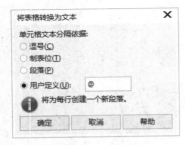

图 5-63 "将表格转换为文本"对话框

1班	2班	3班
4班	5班	6班
7班	8班	9班

1班@2班@3班
4班@5班@6班
7班@8班@9班

图 5-64 将表格转换为文本

2. 将文本转换为表格 ⊞

选中要转换的文本，选择菜单"表格"→"将文本转换为表格"命令，弹出"将文本转换为表格"对话框，如图 5-65 所示。选择"逗号"选项，单击"确定"按钮，转换前后的效果如图 5-66 所示。

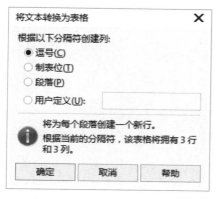

图 5-65　"将文本转换为表格"对话框

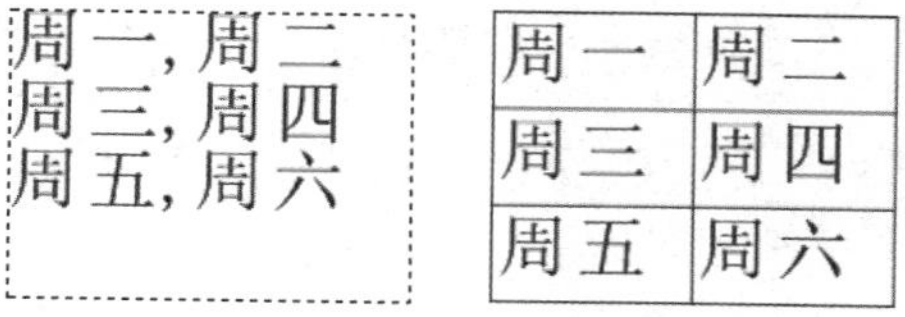

图 5-66　将文本转换为表格

5.12　表格的属性设置

单击"表格工具"或者选中页面中的表格，属性栏中呈现表格的属性，如图 5-67 所示。

图 5-67　"表格"的属性栏

1. 行数和列数

设置表格的行数和列数。

2. 填充色

设置表格背景的填充颜色。

3. 编辑填充

单击该按钮，可以打开"编辑填充"对话框。在该对话框中，可以对已填充的颜色进行设置，也可以重新选择颜色。

4. 轮廓宽度 .2mm

单击该按钮，可以在打开的下拉列表中选择表格的轮廓宽度，也可以在该选项的数值框中直接输入数值。

5. 边框选择田

用于调整显示在表格内部和外部的边框。单击该按钮，出现下拉列表，可以从中选择所要调整的表格边框，如图 5-68 所示。

6. 轮廓颜色■▾

单击该按钮，可以在打开的颜色面板中选择一种颜色作为表格的轮廓颜色。

7. 选项

单击该按钮，出现下拉列表，如图 5-69 所示。

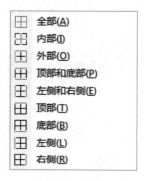

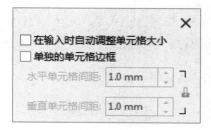

图 5-68 "边框选择"下拉列表　　　　　图 5-69 "选项"下拉列表

（1）在输入时自动调整单元格大小

勾选该选项后，在单元格内输入文本时，单元格的大小会随输入的文字的多少而变化。若不勾选该选项，文字输入满单元格时，继续输入的文字会被隐藏。

（2）单独的单元格边框

勾选该选项，可以在"水平单元格间距"和"垂直单元格间距"的数值框中设置单元格间的水平距离和垂直距离。

5.13 选择单元格

1. 选择单个单元格

使用"表格工具"单击要选择的单元格，按住鼠标左键拖曳光标，待光标变成加号形状✚，拖动光标到单元格右下角，即可选中该单元格，如图 5-70 所示。

2. 选择整行

选择"表格工具",移动光标到表格左侧,待光标变成箭头形状➡,单击,即可选中该行单元格,如图 5-71 所示。

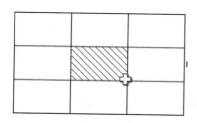

图 5-70 选择单个单元格

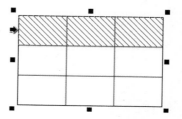

图 5-71 选择整行单元格

3. 选择整列

选择"表格工具",移动光标到表格上方,待光标变成箭头形状⬇,单击,即可选中该列单元格,如图 5-72 所示。

4. 选择多个单元格

选择"表格工具",在表格内部拖曳鼠标,即可将光标经过的单元格全部选中,如图 5-73 所示。

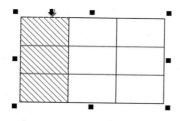

图 5-72 选择整列单元格

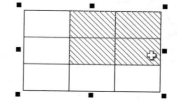

图 5-73 选择多个单元格

5. 使用菜单命令进行选择

选择"表格工具",单击表格内的某一单元格,选择菜单"表格"→"选择"命令,出现下拉列表,如图 5-74 所示,分别选择该列表中的各项命令,可以进行不同的选择。

▤ 单元格(E)
▦ 行(R)
▤ 列(C)
▦ 表格(T)

图 5-74 菜单"表格"→"选择"命令

位图、文本和表格的处理

141

5.14 单元格属性的设置

选中单元格后，属性栏出现单元格的属性，如图 5-75 所示。

图 5-75 单元格属性栏

1. 页边距

指定所选单元格内的文字到 4 个边的距离。单击该按钮，弹出设置面板，如图 5-76 所示，单击中间的按钮🔒，即可对其他 3 个选项进行不同的数值设置。

2. 合并单元格🔲

先选中要合并的多个单元格，再单击该按钮，即可将所选单元格合并为一个单元格。

3. 水平拆分单元格▭

选择单元格，单击该按钮，弹出"拆分单元格"对话框，如图 5-77 所示，选择的单元格将按照对话框中设置的行数进行拆分。

4. 垂直拆分单元格▭

选择单元格，单击该按钮，弹出"拆分单元格"对话框，选择的单元格将按照该对话框中设置的栏数进行拆分。

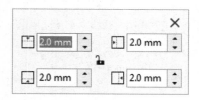

图 5-76 "页边距"设置面板

图 5-77 水平拆分单元格

5. 撤销合并🔲

对几个单元格选择完"合并单元格"操作后，单击该按钮，可以将单元格还原为合并之前的状态。

思考与实训

一、填空题

1．将矢量图转换为位图的菜单命令是_____。

2．将位图转换成矢量图时，使用_____命令，可以实现一键描摹，快速完成位图到矢量图的转换。

3．通过选择菜单_____命令可以检测最亮的区域和最暗的区域，自动调整每个色调的校正范围，自动校正图像的对比度和颜色。

4．"矫正图像"命令的作用是_____。

5．选中要编辑的位图对象，单击属性栏中的_____按钮，即可打开 Corel PHOTO-PAINT 窗口。

6．在 Corel PHOTO-PAINT 窗口中，魔棒遮罩工具的使用方法是_____。

7．通过"位图颜色遮罩"泊坞窗，可实现_____和_____两个功能。

8．在编辑位图时，可以对位图进行边框扩充的操作，形成边框效果。边框扩充的方式有两种，即_____和_____。

9．图像应用_____艺术效果，可使画面产生纵深感。

10．创建表格时，可以使用_____工具，也可以使用_____菜单命令。

11．在表格的属性栏中，⊞ 按钮的作用是_____。

12．选择单个单元格的方法是_____。

二、上机实训

1．运用素材"运动女孩.jpg""打篮球.psd""打羽毛球.jpg""滑板.jpg""踢足球.psd"，完成"运动快乐"效果的制作，如图5-78所示。

图5-78 "运动快乐"效果

2．运用素材"花.psd""花边.psd""月饼.psd"，使用文本工具输入并编辑文字，制作一个中秋节贺卡，效果如图 5-79 所示。

图 5-79   "中秋节贺卡"效果

3．巧用"表格工具"完成"淡雅台历"效果的绘制，如图 5-80 所示。

图 5-80   淡雅台历效果

模块 **6**

房屋销售海报设计

居者有其屋——设计房屋销售海报

☑ 案例描述

综合运用"交互式填充"工具、"变换"工具、"智能填充"工具、"阴影"及"轮廓图"等工具，设计并制作"绿色家园"房屋销售宣传海报。海报主题突出，文字简明扼要，形式新颖美观，构图与色彩和谐统一，画面具有较强的表现力和视觉冲击力。

（a）

（b）

图 6-1　"绿色家园"海报效果图（A 面、B 面）

📢 案例解析

在本案例中，需要完成以下操作：

● 使用"智能填充"工具制作 Logo。

● 使用"文本""折线""阴影"等工具制作文字效果。

● 使用"钢笔"工具制作装饰图案效果。

● 运用"2 点线""轮廓图"等工具制作楼盘定位图。

使用"贝塞尔""表格"等工具制作户型图。

💬 1. 使用智能填充工具制作 Logo

（1）运行 CorelDRAW X8，新建一个宽 A4 大小的文档，命名为"'绿色家园'海报"，如图 6-2 所示。重命名当前页面为"A 面"。

（2）使用"椭圆形"工具绘制一个椭圆，打开"变换"泊坞窗，设置"旋转角度"为 30，"副本"为 5，单击"应用"按钮，效果如图 6-3 所示。

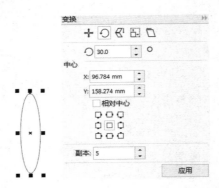

图 6-2　新建文档　　　　　　　　　　　　　图 6-3　绘制图形

（3）选择"智能填充"工具，在属性栏设置填充颜色的 CMYK 值为"56,44,0,0"，单击左上角外层的形状进行填充。使用相同的方法顺时针填充其他的外层形状，分别设置颜色为"100,85,5,0""75,82,0,0""84,100,5,0""21,92,0,0""0,91,84,0""0,100,83,0""0,64,94,0""0,78,100,0""00,35,94,0""51,0,93,0""82,21,92,0"，效果如图 6-4 所示。

（4）使用相同的方法逐层填充内部图形，并使每层的颜色错开。在"对象属性"泊坞窗，设置"轮廓颜色"为"0,0,0,0"，效果如图 6-5 所示。

（5）选择"文本"工具，设置"字体"为 Bernard MT Condensed，输入文字 green house，如图 6-6 所示。按 Ctrl+Q 组合键将文字转换为曲线，添加轮廓，设置轮廓颜色为"0,0,0,60"，宽度为"0.2mm"，删除填充。按 Ctrl+K 组合键拆分文字对象，调整各个字母的位置与形状，删除不需要部分，得到如图 6-7 所示的效果。使用步骤（3）的颜色设置填充文字对象，最终效果如图 6-8 所示。

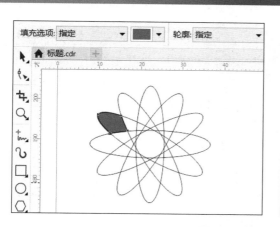

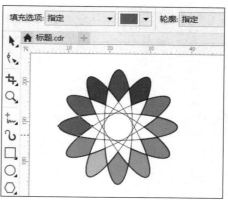

图 6-4　填充外层颜色

图 6-5　图形填充效果

green house

图 6-6　输入文字

图 6-7　编辑文字形状

图 6-8　最终文字效果

（6）把文字放置在图形下方，调整好大小位置，按 Ctrl+G 组合键，将其群组。组合后的效果如图 6-9 所示。

图 6-9　最终 Logo 效果

房屋销售海报设计

> ⚠️ **操作提示：**调整完毕后，为了避免对图形误操作，可在制作好的图形上右击，从弹出的菜单中选择"锁定对象"命令，将图形锁定，以方便之后的操作。

2. 制作背景

（1）分别导入"背景"与"底纹"素材，调整位置大小，效果如图 6-10 所示。绘制与底纹区域相同大小的矩形，填充颜色"58,41,100,0"，然后调整顺序，把矩形放置在底纹的下层，效果如图 6-11 所示。

图 6-10　导入背景、底纹

图 6-11　为底纹添加底色

（2）使用"矩形"工具，绘制与页面等宽的一个矩形，使用"2 点线"工具，把矩形分成水平方向的 5 部分，自左至右依次交替填充颜色"0,100,0,0""0,0,100,0"。调整矩形的位置与大小，效果如图 6-12 所示。

图 6-12　添加"彩条"效果

3. 添加文本

（1）把"背景"图像的"顺序"调整为"到页面背面"，然后"锁定对象"。把 Logo 放置在页面左上角位置。选择"文本"工具，设置"字体"为"汉仪颜楷繁"，"字符间距"为"-10%"，"文本颜色"为"42,65,100,3"。按 Ctrl+Q 组合键把文字转换为曲线，添加轮

廓线，"轮廓宽度"为"0.5mm"，"轮廓颜色"为"0,0,0,0"。使用"阴影"工具，分别为文字和Logo添加阴影，最终效果如图6-13所示。

图6-13　添加标题效果

（2）选择"文本"工具，设置"字体"为"微软雅黑""粗体"，"字符间距"为"0%"，"文本颜色"为"0,0,0,0"，输入如图6-14所示内容，叠放在"底纹"上层。

图6-14　海报底部文字效果

（3）选择"文本"工具，设置"字体"为LilyUPC、"粗体"，"字符间距"为"-9.0%"，"文本颜色"为"0,50,100,0"，输入文字"20"。使用"折线"工具和"2点线"工具，依照文字"20"的轮廓绘制网格线，绘制完成后删除文字，效果如图6-15所示。

图6-15　绘制字形网格

（4）使用"智能填充"工具，在如图6-16所示的对应标号区域填充相应的颜色。对应颜色如下：1：（0,18,66,0）；2、6、42、46：（0,15,100,0）；3、10、11、15、47、50、51、54、80：（0,42,90,0）；4、8、12、43、52：（28,65,100,0）；5、9、45、49、81：（0,0,100,0）；7：（0,49,91,0）；13、16、53：（5,16,77,0）；14、20：（5,47,93,0）；17、44、48：（8,69,97,0）；18、21、78：（42,0,92,0）；19：（77,38,100,1）；22、79：（75,28,100,0）；23：（69,8,98,0）；24、29：（49,0,16,0）；25、75：（81,45,20,0）；26：（78,47,100,10）；27、77：（0,18,66,0）；28、71：（70,3,15,0）；30、67：（87,62,25,0）；31、70：（78,34,16,0）；32：（78,100,51,12）；33：（69,100,44,5）；34、64：（37,96,0,0）；35、65：（19,90,0,0）；36：（58,100,37,0）；37、41、73：（91,69,13,0）；38：（80,39,13,0）；39：（69,8,41,0）；40：（81,34,41,0）；55：（0,90,94,0）；

56：(0,95,54,0)；57：(36,100,58,0)；58：(17,98,56,0)；59：(53,100,95,40)；60：(38,100,87,4)；61：(45,100,100,17)；62：(0,95,54,0)；63：(64,92,12,0)；66：(26,73,0,0)；68：(81,100,41,0)；69：(65,98,6,0)；72：(87,62,25,0)；74：(65,0,20,0)；76：(70,15,99,0)。填充完成后删除轮廓线，最终效果如图 6-17 所示。

图 6-16　填色对应区域

图 6-17　完成填色文字效果

（5）选择"椭圆形"工具，绘制一个正圆形，选择"交互式填充"工具，用"椭圆形渐变"填充，删除轮廓线，节点属性设置如图 6-18 所示。再复制一个制作好的正圆，都放置在钻石文字的上部，最终效果如图 6-19 所示。

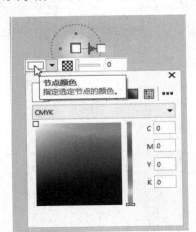

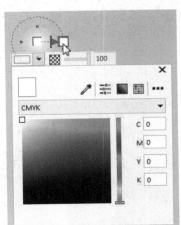

图 6-18　渐变节点属性设置

图 6-19　钻石字发光效果

（6）选择"文本"工具，设置"字体"为"微软雅黑""粗体"，"文本颜色"为"0,0,0,0"，输入文字"首付 万 阅都市繁华 享湖光山色"。调整文字位置和大小，使用"阴影"工具添加阴影，最终效果如图 6-1（a）所示。

4. 制作海报 B 面背景

（1）在当前页面后面插入页面，重命名为 "B 面"。绘制一个比页面稍大的矩形，用 "交互式填充" 工具填充，由下至上 3 个节点的颜色值分别为（11,54,100,0）、（58,0,72,0）、（100,50,40,0），效果如图 6-20 所示。绘制 8 个矩形，由下至上为每个矩形均匀填充的颜色分别为（70,15,0,0）、（80,27,68,0）、（70,15,0,0）、（65,37,100,0）、（70,15,0,0）、（70,15,0,0）、（6,27,92,0）、（11,54,100,0），"均匀透明度" 都设置为 50。绘制一个与页面大小相同的矩形，同时选择已填充颜色的 9 个矩形，选择 "对象" →PowerClip→ "置于图文框内部" 命令，然后单击新绘制的矩形裁剪图形，效果如图 6-21 所示。

图 6-20　填充背景颜色

图 6-21　绘制完成效果

（2）绘制两个多边形，上方多边形均匀填充颜色（5,43,82,0），下方多边形线性渐变填充，颜色设置如图 6-22 所示，最终背景效果如图 6-23 所示。

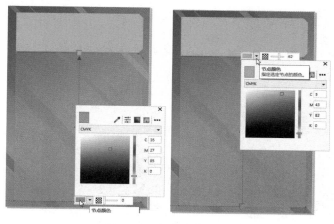
图 6-22　添加渐变填充

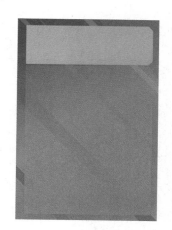
图 6-23　背景最终效果

5. 制作总体介绍部分

（1）切换至页面"A面"，复制Logo与标题，粘贴到"B面"，调整大小，放置在左上角位置。选择"文件"→"导入"命令，导入素材"图标"文件，放置在标题右侧，进行适当对齐、分布处理，效果如图6-24所示。

图6-24　添加标题、图标效果

（2）使用"钢笔"工具绘制如图6-25所示的图形，设置颜色为（20,100,55,40），然后按Ctrl+D组合键再绘制一份，按"垂直镜像"按钮，调整位置，最后用"多边形"工具绘制一个菱形放置在封闭区域内，按Ctrl+G组合键组合对象，最终得到如图6-26所示的图形效果。

图6-25　绘制图形

图6-26　最终图形效果

（3）使用"2点线"工具绘制装饰框，设置颜色为（20,100,55,40）。将图6-26的图形再绘制一部分，然后水平镜像，放置在装饰框内部，效果如图6-27所示。

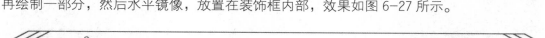

图6-27　装饰图案效果

（4）按Ctrl+G组合键组合装饰图案，放置在Logo与标题下方。选择"文本"工具，设置"字体"为"黑体"，"文本颜色"为（20,100,55,40），输入文字"同等地段，品质生活"。调整文字位置和大小，最终效果如图6-28所示。

（5）先绘制一个矩形，设置矩形轮廓"颜色"为（0,0,0,100），"线条样式"为"虚线"。选择"文本工具"，将光标移动到图形的轮廓线上，当光标变为垂直双箭头时，单击，在图形内出现一个矩形的文本框，在文本框中输入"九万平方米别墅级人文社区，多形态人居空间贴心打造，细节成就经典，建筑复兴生活，花园门口，那盏灯照亮归途，当经典建筑遇见城市绝版地段，突破视野的无极限，爱上了有层次的生活。"，设置"字体"为"微软雅黑"，"文本颜色"为（0,0,0,100），"垂直对齐方式"为"居中垂直对齐"。调整文字位置

和大小，最终效果如图 6-29 所示。

图 6-28　装饰图案标题效果

图 6-29　总体介绍部分效果

6. 制作分项介绍部分

用与前面一步骤相同的方法，制作分项介绍的文本。导入对应的素材图片，设置大小与布局，完成效果如图 6-30 所示。

图 6-30　分项介绍效果

7. 绘制楼盘定位图

（1）用"2 点线"工具绘制街区图，填充道路颜色为（0,0,0,70），"3 期"区域颜色为（80,10,45,0），"1 期 A"区域颜色为（0,80,95,0），"1 期 B"区域颜色为（0,90,85,0），"2 期"区域颜色为（85,50,25,0），如图 6-31 所示。绘制一个圆形，选择街区图，选择"对象"→PowerClip→"置于图文框内部"命令，然后单击圆形，裁剪效果如图 6-32 所示。

（2）选中圆形，然后选择"轮廓图"工具，设置"轮廓步长"为"2"，"轮廓图偏移"为"1.0mm"，单击"外部轮廓"。接着选择"对象"→"拆分轮廓图群组"命令，选择"对象"→"组合"→"取消组合对象"命令。选择中间的圆形，设置其"轮廓宽度"为"1.5mm"，

"轮廓颜色"为（0,0,0,20），效果如图 6-33 所示。

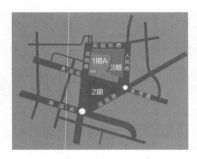

图 6-31　绘制街区图效果

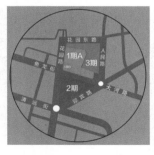

图 6-32　图框裁剪效果

图 6-33　轮廓图效果

（3）使用"椭圆形"工具和"多边形"工具，绘制一大一小两个圆形、一个三角形。三角形、小圆及大圆的轮廓颜色为（0,100,70,25），大圆内部填充颜色为（0,0,0,0）。复制 Logo 到大圆内部，调整大小。输入文字"中心城市广场"，设置"字体"为"微软雅黑"，"文本颜色"为（0,0,0,100）。输入文字"营销中心"，设置"字体"为"微软雅黑"，"文本颜色"为（0,100,70,25），效果如图 6-34 所示。

（4）使用"手绘"工具绘制道路与湖泊轮廓，使用"椭圆形"工具绘制圆形标志代表城市，其中"泰安"标志填充颜色为（0,100,70,25），其他城市标志填充颜色为（100,91,23,0）。为泰安、济南标志设置 0.75mm 的轮廓线，轮廓线颜色为（0,0,0,0），其他城市标志删除轮廓线。为湖泊的填充颜色（45,14,59,0），然后删除湖泊轮廓线。输入文字"泰安""济南"，设置"字体"为"微软雅黑"，"文本颜色"为（0,0,0,0），效果如图 6-35 所示。

图 6-34　营销中心标志

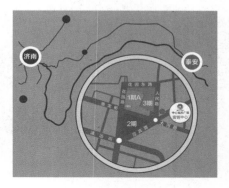

图 6-35　楼盘定位图完成效果

8. 绘制户型图

（1）单击"显示网格"按钮，显示文档网格。选择"贝塞尔"工具，在绘图区域连续多次单击，绘制户型轮廓图，如图 6-36 所示。

（2）继续用"贝塞尔"工具绘制如图 6-37 红色区域所示封闭图形。导入"地板 01"素材，把导入的素材调整为适合红色区域大小的尺寸，选择"对象"→PowerClip→"置于图文框内部"命令，然后单击红色区域。删除裁剪图形的轮廓线，效果如图 6-38 所示。

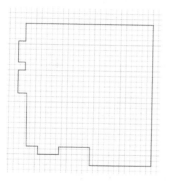 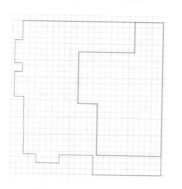 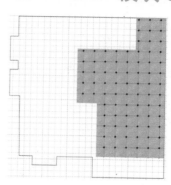

图 6-36　户型轮廓图　　　　图 6-37　绘制裁剪框　　　　图 6-38　裁剪地板效果

（3）用同样的方法，为户型图的不同部分添加地板效果，如图 6-39 所示。选择"2点线"工具绘制剪力墙，设置"轮廓宽度"为"3.0mm"，"颜色"为（0,0,0,100），效果如图 6-40 所示。选择剪力墙轮廓线，选择"对象"→"将轮廓转换为对象"命令。

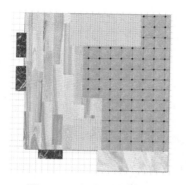 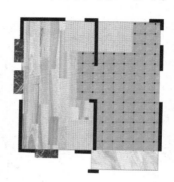

图 6-39　添加地板效果　　　　　　　　　图 6-40　绘制剪力墙效果

（4）选择"矩形"工具绘制填充墙，设置"轮廓宽度"为"0.2mm"，"颜色"为（0,0,0,60），"填充颜色"为（0,0,0,0）。两个矩形的重叠部分，使用"合并"造型工具来贯通。使用"表格"工具绘制窗户，设置参数为"4 行 1 列"，"轮廓宽度"为"0.1mm"，"颜色"为（0,0,0,100）。使用"贝塞尔"工具绘制飘窗，效果如图 6-41 所示。

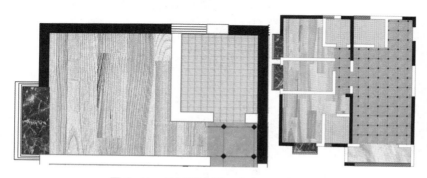

图 6-41　绘制填充墙、窗户、飘窗效果

（5）选择"矩形"工具，绘制门框与门扇，设置"轮廓宽度"为"0.1mm"，"颜色"为（0,0,0,100），填充颜色为（50,60,82,5）。选择"3 点曲线"弧形，设置"轮廓宽度"为

"0.2mm"，"颜色"为（0,0,0,100），效果如图 6-42 所示。按 Ctrl+G 组合键组合图形，然后复制多份摆放到合适的位置，效果如图 6-43 所示。

图 6-42　绘制门效果

图 6-43　放置门效果

（6）导入"床""衣柜"等家具素材，调整大小与方向，摆放在户型图合适的位置，最终效果如图 6-44 所示。

图 6-44　户型图最终效果

9. 制作算账表

（1）选择"表格"工具，设置参数为 4 行 3 列，"边框宽度"为 0.2mm，全部"边框颜色"为（0,0,0,100）。在相应的单元格输入文字，字体为"微软雅黑"，标题与第 4 行文字颜色为（5,95,100,0），其余文字颜色为（0,0,0,1000），效果如图 6-45 所示。

（2）选择"矩形"工具，在页面下部绘制分隔条，删除轮廓，填充颜色为（0,0,0,30）。把制作完成的楼盘定位图、户型图、算账表调整大小放置在分隔条下方。在户型图右侧输入如图 6-46 所示的说明性文字，字体为"微软雅黑"，"首付约 20 万"的文字颜色为（0,0,0,0），下面五边形颜色为（100,100,40,0）。"D1 建筑面积约 126m^2"的文字颜色为（100,100,40,0），

"3 室/2 厅/1 厨/2 卫/1 阳台"的文字颜色为（0,100,70,25），其他文字颜色为（0,0,0,100），最终效果如图 6-47 所示。

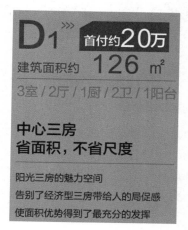

图 6-45　算账表效果

图 6-46　户型图说明文本

图 6-47　楼盘定位图、户型图、算账表排版效果

10. 输入销售信息

（1）使用"矩形"工具绘制一个矩形，使用"多边形"工具绘制一个三角形，通过"合并"造型，制作联系人信息框，如图 6-48 所示。

图 6-48　制作联系人信息框

（2）输入销售信息，排版效果如图 6-49 所示。所有字体设置为"微软雅黑"，电话号码"8018888"的文字颜色为（0,100,70,25），其他文字颜色为（0,0,0,100）。

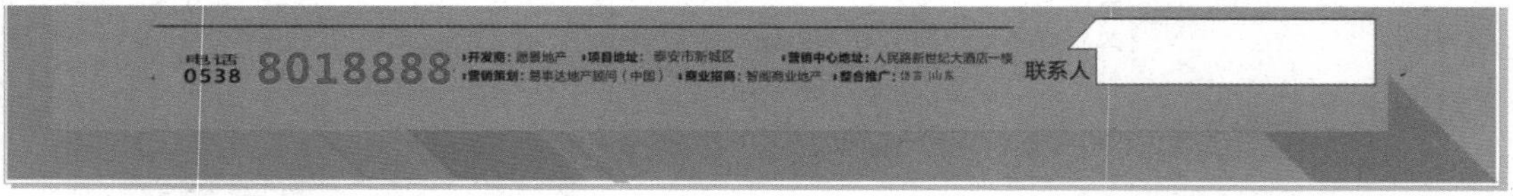

图 6-49　输入销售信息效果

（3）"绿色家园"海报 B 面的最终效果如图 6-1（b）所示。

案例小结

海报也叫招贴，英文名称为 Poster，是在公共场所以张贴或散发形式发布的一种印刷品广告。海报具有发布时间短、时效强、印刷精美、视觉冲击力强、成本低廉、对发布环境的要求较低等特点。其内容真实准确，语言精练，篇幅短小，往往根据内容需要搭配适当的图案或图画，以增强宣传的表现力和感染力。

现代社会是一个广告的世界，海报作为广告的组成部分，不能仅仅局限于平面之上，更深层次是要表达一种思想、一种意境，发人深省、耐人寻味。

要设计好海报，需要先了解海报的特点及构思、构图、绘制的一般过程，然后再运用各种工具软件进行海报设计。设计的海报，必须有相当的号召力与艺术感染力，要调动形象、色彩、构图、形式等因素形成强烈的视觉效果；它的画面应该有较强的视觉中心，应该力求新颖、单纯，还必须具有独特的艺术风格和设计特点。

要使设计出的海报具有创意，首先要学会欣赏，从欣赏别人作品的过程中自我学习，使创意思考能力得到提升。通过生活中的海报欣赏，可以分析总结海报的设计要求。海报设计的主要要求是：主题明确、构图单纯、形式新颖、色彩分明。

欣赏作品需要懂得方法，不能只看表面，要能发现其中的含义。观赏别人的创作，会发现许多新鲜刺激的点子，进而找到各种表现手法来表达自己的观点和想法，同时也会帮助自己更凸显出日常所熟悉的美术工具和技法，因此学习是创作更好的广告作品的方法。

6.1　常见海报的分类

常见的海报主要有 4 种：商品宣传海报、活动宣传海报、影视宣传海报和公益海报。

1. 商品宣传海报

商品海报是指宣传商品或商业服务的商业广告性海报。商品海报的设计，要恰当地配合产品的格调和受众对象。这类海报也是最常见的海报形式，如图 6-50 所示。

2. 活动宣传海报

活动宣传海报是指各种社会文娱活动及各类展览的宣传海报。海报的种类很多，不同的海报都有它各自的特点，设计师需要了解展览和活动的内容才能运用恰当的方法表现其内容和风格，如图 6-51 所示。

图 6-50　商品宣传海报

图 6-51　活动宣传海报

3. 影视宣传海报

　　影视海报是海报的分支，影视海报主要是起到吸引观众注意、刺激电影票房收入或电视收视率的作用，与戏剧海报、文化海报等有几分类似。此类海报往往与剧情相结合，海报内容通常为影视作品的主要角色或重要情节，海报色彩的运用也与影视作品的感情基调有直接联系，如图 6-52 所示。

4. 公益海报

　　公益海报是带有一定思想性的。这类海报具有特定的对公众的教育意义，海报主题包括各种社会公益、道德的宣传，或政治思想的宣传，弘扬爱心奉献、共同进步的精神等，如图 6-53 所示。

房屋销售海报设计

图 6-52　影视宣传海报

图 6-53　公益海报

6.2　海报的设计要求

　　海报是一种大众化的宣传工具，属于平面媒体的一种，没有音效，只能借助形与色来强化传达信息，所以对于色彩方面的凸显是个很重要的要点。通常人们看海报的时间很短暂，大约在 2～5 秒便想获知海报的内容，所以色彩中明视度的适当提高、应用心理色彩的效果、使用美观与装饰的色彩等都有助于效果的传达，由此形成海报有说服力、指认、传达信息、审美的功能。

- 立意要好：确定海报的主题，即要表达的主要内容。
- 色彩鲜明：采用能够吸引人们注意的色彩。
- 构思新颖：用新的方式和角度去理解问题，创造新的视野和观念。
- 构图简练：用最简单的方式说明问题，不使人感觉烦琐。
- 传达信息：重点展现要传达的信息，运用色彩的心理效应，强化印象的用色技巧。

优良的海报需要事先考虑观看者的心理反应与感受，才能使传达的内容与观赏者产生共鸣。校园张贴海报的尺寸一般为 A1：约为 810mm×580mm，或 A0：约为 1160mm×810mm，多为喷绘制作，分辨率设为 200 左右，色彩模式为 CMYK。

6.3　海报的设计方法

海报是以图形和文字为内容，以宣传观念、报道消息或推销产品等为目的的。设计海报时，首先要确定主题，再进行构图，最后使用技术手段制作出海报并充实完善。下面介绍各种海报创意设计的方法。

1. 明确的主题

整幅海报应力求有鲜明的主题、新颖的构思、生动的表现等创作原则，才能以快速、有效、美观的方式，达到传送信息的目标。任何广告对象都有可能有多种特点，只要抓住一点，一经表现出来，就必然形成一种感召力，促使对广告对象产生冲动，达到广告的目的。在设计海报时，要对广告对象的特点加以分析，仔细研究，选择出最具有代表性的特点。

2. 视觉吸引力

首先要针对对象、广告目的，采取正确的视觉形式；其次要正确运用对比的手法；再次要善于掌握不同的新鲜感，重新组合和创新；最后海报的形式与内容应该具有一致性，这样才能使其吸引力强烈。

3. 科学性和艺术性

随着科学技术的进步，海报的表现手段越来越丰富，也使海报设计越来越具有科学性。但是，海报的对象是人，海报是通过艺术手段，按照美的规律进行创作的，所以，它又不是一门纯粹的科学。海报设计是在广告策划的指导下，用视觉语言传达各类信息。

4. 灵巧的构思

设计要有灵巧的构思，使作品能够传神达意，这样作品才具有生命力。通过必要的艺术构思，运用恰当的夸张和幽默的手法，揭示产品未发现的优点，明显地表现出为消费者利益着想的意图，从而可以拉近消费者的感情，获得广告对象的信任。

5. 用语精练

海报的用词造句应力求精练，在语气上应感情化，使文字在广告中真正起到画龙点睛的作用。

6. 构图赏心悦目

海报的外观构图应该让人赏心悦目，造成美好的第一印象。

7. 内容的体现

设计一张海报除了纸张大小之外，通常还需要掌握文字、图画、色彩及编排等设计原则，标题文字是和海报主题有直接关系的，因此除了使用醒目的字体与大小外，文字个数不宜太多，尤其需配合文字的速读性与可读性，以及关注远看和边走边看的效果。

8. 自由的表现方式

海报里图画的表现方式可以非常自由，但要有创意的构思，才能令观赏者产生共鸣。除了使用插画或摄影的方式之外，画面也可以使用纯粹几何抽象的图形来表现。海报的色彩则宜采用比较鲜明，并能衬托出主题，引人注目的颜色。编排虽然没有一定格式，但是必须达到画面的美感，还要合乎视觉顺序，因此在版面的编排上应该掌握形式原理，如均衡、比例、韵律、对比、调和等要素，也要注意版面的留白。

6.4 海报的设计用途

海报是人们极为常见的一种招贴形式，也多用于电影、戏剧、比赛、文艺演出等活动。海报中通常要写清楚活动的性质，活动的主办单位、时间、地点等内容。海报的语言要求简明扼要，形式要做到新颖美观，主要有以下几种用途。

- 广告宣传海报：可以将广告传播到社会中，满足人们的利益需求。
- 现代社会海报：反映较为普遍的社会现象，为大数人所接纳，提供现代生活的重要信息。
- 企业海报：为企业部门所认可。它可以利用所掌握的员工的一些思想，引发思考。
- 文化宣传海报：文化是当今社会必不可少的，无论是多么偏僻的角落、多么寂静的山林，都存在着文化，所以，文化类的宣传海报也是必不可少的。

思考与实训

一、填空题

1. 海报也叫＿＿＿＿＿＿＿，英文名称为＿＿＿＿＿＿＿，是在公共场所以张贴或散

发形式发布的一种印刷品广告。

2．海报内容真实准确，语言精练，篇幅短小，往往根据内容需要搭配适当的_____，以增强宣传的表现力和感染力。

3．常见的海报主要有 4 种：_____、_____、_____和_____。

4．海报的设计要求包括：_____、_____、_____、_____和_____。

5．A1 海报的尺寸为：_____；A0 海报的尺寸为：_____。

6．海报的设计方法包括_____、_____、_____、_____、_____、_____、_____、_____。

7．_____可以将广告传播到社会中，满足人们的利益需求。

8．_____反映较为普遍的社会现象，为大数人所接纳，提供现代生活的重要信息。

9．_____为企业部门所认可。它可以利用所掌握的员工的一些思想，引发思考。

二、上机实训

1．上机巩固 CorelDRAW 的各种"调和"工具的使用，包括变形、封套、立体化、透明度等。

2．参照图 6-54，设计一张商业宣传海报。

图 6-54 商业宣传海报

三、拓展训练

以绿色环保为主题，设计一份房屋销售海报。

模块 **7**

装 帧 设 计

案例描述

本案例主要进行杂志"时尚旅游"的封面、封底的设计与制作，紧扣杂志主题，体现本期内容，整体设计大方和谐，最终效果如图 7-1 所示。

图 7-1　杂志装帧设计效果

案例解析

在本案例中，需要完成以下操作：

- 轮廓图工具的使用。
- 使用钢笔工具抠图与制作路径文字。

● 位图特效工具的使用。

（1）启动 CorelDRAW X8，选择菜单"文件"→"新建"命令，打开"创建新文档"对话框，新建空白文档"杂志封面"，建立一个新的文件（或按 Ctrl+N 组合）。设置"预设目标"为"自定义"，设置"宽度""高度"分别为"425mm""285mm"。单击"确定"按钮，如图 7-2 所示。

图 7-2　设置页面大小

（2）用"矩形工具"绘制一个 285.5mmx210mm 的矩形，用"智能填充工具"进行填充，填充颜色为（6,16,95,0）。选择矩形，打开"对齐与分布"泊坞窗，单击"对齐对象到"下面的"页面边缘"按钮，如图 7-3 所示。然后分别单击"左对齐""垂直居中对齐"按钮。按 Ctrl+D 组合键复制矩形，用同样的方法把新复制的矩形对齐到页面右侧，效果如图 7-4 所示。

图 7-3　对齐设置

图 7-4　背景效果

（3）选择"文本"工具，输入文字"时尚旅游"，设置"字体"为"汉仪大宋简"，"文本颜色"为"0,0,0,0"，"文字轮廓"设置为"细线""0,0,0,100"，效果如图 7-5 所示。选择"轮廓图"工具，添加轮廓，设置轮廓为"外部轮廓"，"步长"为"1"，"轮廓图偏移"为

装帧设计

"0.968mm"，"轮廓图角"为"斜切角"，"轮廓色"为"0,0,0,0"，"填充色"为"4,56,100,0"，效果如图7-6所示。

图7-5　输入文字　　　　　　　　　　　　　　　图7-6　添加轮廓

（4）选择"文本"工具，输入文字TRAVELER，设置"字体"为Broadway，"文本颜色"为"0,0,0,0"。选择"阴影工具"，在文字上拖动，设置"不透明度"为"50"，"羽化"为"15"，"阴影颜色"为"0,0,0,100"，效果如图7-7所示。

（5）选择"文本"工具，在右侧页面拖出一个矩形框，粘贴素材文本，设置"字体"为"宋体"，"文本颜色"为"0,0,0,60"。调整文本框的叠放顺序，把文本框放置在TRAVELER后面，效果如图7-8所示。

图7-7　书名效果　　　　　　　　　　　　　　图7-8　装饰文本效果

（6）导入"素材01"图片，调整大小，放置在合适的位置。选择"文本"工具，输入文字，设置"字体"为"微软雅黑"，"文本颜色"为"0,0,0,100"。使用"文本"工具，输入文字"******出版社"，设置"字体"为"宋体"，"文本颜色"为"0,0,0,100"。调整文字位置与大小，效果如图7-9所示。

（7）导入"素材02"图片，调整大小，放置在合适的位置。选择菜单"位图"→"创造性"→"虚光"命令，打开"虚光"对话框，颜色设置为"6,16,95,0"，其他设置如图7-10所示，排版效果如图7-11所示。

（8）使用"椭圆形工具"绘制椭圆，设置"轮廓宽度"为"1.0mm"，"轮廓颜色"为"7,56,100,0"。选择"轮廓图"工具，添加轮廓，设置轮廓为"外部轮廓"，"步长"为"2"，"轮廓图偏移"为"1.411mm"。打开"对象属性"泊坞窗，选择"填充"→"位图图样填充"→"来自文件的新源",在打开的对话框中选择"素材 04",调整"变换"属性值,效果如图 7-12 所示。调整椭圆到合适位置,设置其上下顺序,效果如图 7-13 所示。

图 7-9　插入图片效果

装帧设计

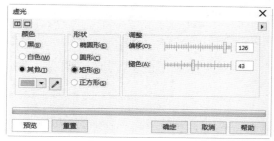

图 7-10　"虚光"对话框

图 7-11　"虚光"排版效果

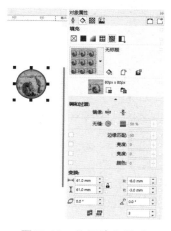

图 7-12　位图填充圆形

图 7-13　椭圆最终效果

（9）导入"素材03"图片，使用"钢笔工具"沿图像边缘描绘一条封闭的路径，然后同时选择素材03与路径，单击"属性"栏的"相交"按钮，只保留图像，删除其他部分，调整大小，放置在左侧合适的位置。使用"钢笔工具"沿图像上部边缘描绘路径，选择"文本工具"沿路径输入文字，设置"字体"为"宋体"，"颜色"为"15,77,100,0"，如图7-14所示。

图7-14　添加路径文字后的图片效果

（10）选择"文本工具"输入"电话、地址"等文字，设置"字体"为"宋体"，"颜色"为"0,0,0,100"，效果如图7-15所示。

图7-15　封底效果

（11）使用"文本工具"输入"时尚旅游******出版社"，设置"字体"为"宋体"，"颜色"为"0,0,0,100"。放在中间位置，作为书脊的内容。

（12）给页面上下左右添加出血线。用"矩形工具"贴着每一个边绘制矩形，留出 3mm 的出血，最终效果如图 7-16 所示。

图 7-16　杂志最终效果

 不忘初心——书籍装帧设计（精装）

案例描述

本案例为一本精装书"初心"进行装帧设计，内容包括封面、书脊、封底、扉页、护封，整体设计简约稳重，传达出正能量和中国特色，最终效果如图 7-17 所示。

图 7-17　书籍装帧（精装）效果

装帧设计

图 7-17　书籍装帧（精装）效果（续）

🔊 案例解析

在本案例中，需要完成以下操作：

- 颜色填充、位图填充与属性设置。
- 导入素材图片，添加位图效果。
- 添加文字并设置、用图框裁切对象。
- 条形码的制作。

（1）启动 CorelDRAW X8，选择菜单"文件"→"新建"命令，打开"创建新文档"对话框，新建空白文档"书籍封面"，定义页面大小为 390mm×260mm，单击"确定"按钮，保存设置。

（2）将鼠标移动到垂直标尺上，按住鼠标左键向页面拖出一条辅助线，在属性栏设置辅助线的位置，X 值为"0mm"，如图 7-18 所示。用同样的方法继续添加 3 条垂直辅助线，X 值分别设置为"185mm""205mm""390mm"。继续添加两条水平辅助线，Y 值分别设置为"0mm""260mm"，效果如图 7-19 所示。

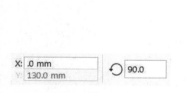

图 7-18　设置辅助线位置

图 7-19　划分页面效果

（3）制作封面背景。使用"矩形工具"，沿封面矩形区域绘制一个矩形，打开"对象属性"泊坞窗，选择"填充"→"位图图样填充"→"来自文件的新源"，在打开的对话框选择"初心 01"，调整"变换"属性值的"宽度"为"37mm"，"倾斜"为"25°"。设置"透明度"为"均匀透明度"，值为"79"。删除轮廓线，然后按 Ctrl+D 组合键复制矩形，放在左侧封底位置，效果如图 7-20 所示。

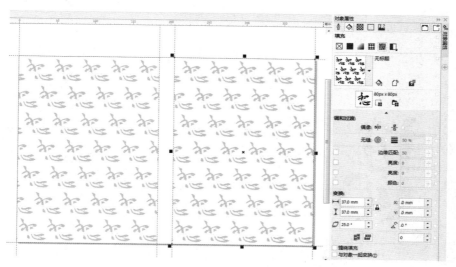

图 7-20　制作底纹效果

（4）添加图片素材。导入图片"素材 05"，调整大小与位置，在"对象属性"泊坞窗设置"均匀透明度"值为"19"，选择"对象"→PowerClip→"置于图文框内部"命令，然后单击绘制的矩形，裁剪图像。在图片上方绘制矩形，填充颜色"59,31,0,0"，设置"均匀透明度"为"50"，选择"对象"→PowerClip→"置于图文框内部"命令，然后单击第一次绘制的封面矩形，裁剪图形，最终效果如图 7-21 所示。

（5）导入图片"初心 02"，调整大小与位置，选择"位图"→"底纹"→"褶皱"命令，设置参数"年龄"为"25"，"随机化"为"5"，"颜色"为"57,29,0,0"，效果如图 7-22 所示。

图 7-21　封面背景效果　　　　　　　　　　　　　图 7-22　添加图像书名效果

（6）使用"文本工具"，输入"不忘初心 方得始终"，设置"字体"为"汉仪中楷简"，"颜色"为"84,67,0,0"，调整大小与位置。输入作者名字与出版社信息，设置"字体"为"宋体"，"颜色"为"0,0,0,100"，调整大小与位置，最终封面效果如图 7-23 所示。

（7）编辑封底背景。选择封底上的矩形，按 Ctrl+D 组合键复制一份，然后设置新复制的矩形的"均匀填充"颜色为"83,44,0,0"，"均匀透明度"为"67"。

（8）使用"文本工具"，输入"定价：**元"、书号信息及编辑信息，设置"字体"为"宋体"，"颜色"为"0,0,0,100"，调整大小与位置，效果如图 7-24 所示。

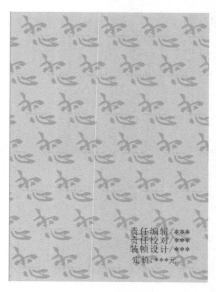

图 7-23　封面效果

图 7-24　封底效果

（9）制作书脊。使用"矩形工具"，绘制一个 20mm x260mm 的矩形，放置在封面与封底之间。填充颜色为"69,7,24,0"，删除轮廓线。复制封面上的"初心"图片，调整大小，放在书脊的顶端位置。使用"文本工具"，输入"初心王韵淇著中国人民出版社"，设置"字体"为"宋体"，"颜色"为"0,0,0,0"，调整大小与位置。选择书脊上的对象，参照页面"水平居中对齐"，封面、书脊、封底最终效果如图 7-25 所示。

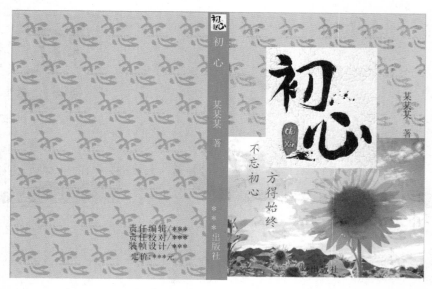

图 7-25　封面、书脊、封底最终效果

模块 7

（10）制作扉页。选择菜单"文件"→"新建"命令，打开"创建新文档"对话框，新建空白文档"扉页"，定义页面大小为 185mm x260mm，单击"确定"按钮，保存设置。使用"矩形工具"，沿页面区域绘制一个矩形，打开"对象属性"泊坞窗，选择"填充"→"位图图样填充"→"来自文件的新源"，在打开的对话框选择"初心 01"，调整"变换"属性值的"宽度"为"37mm"，"倾斜"为"25°"。设置"透明度"为"均匀透明度"，值为"90"，删除轮廓线。复制封面上的"初心"图片，调整大小、位置。使用"文本工具"，输入作者与出版社信息，设置"字体"为"宋体"，"颜色"为"0,0,0,100"，调整大小与位置，扉页效果如图 7-26 所示。

（11）制作护封。选择菜单"文件"→"新建"命令，打开"创建新文档"对话框，新建空白文档"护封"，定义页面大小为 554mmx260mm，单击"确定"按钮。将鼠标移动到垂直标尺上，按住鼠标左键向页面拖出一条辅助线，在属性栏设置辅助线的位置，X 值为"0mm"；用同样的方法继续添加 5 条垂直辅助线，X 值分别设置为"80mm""267mm""288mm""474mm""554mm"，效果如图 7-27 所示。

图 7-26　扉页效果

图 7-27　护封页面分割效果

（12）分别复制封面、封底、书脊的内容并粘贴到护封的对应位置，适当调整各自的宽度，使护封页面的封面、封底、书脊没有留白。使用"矩形工具"绘制 554mm x16mm 的矩形，打开"对象属性"泊坞窗，选择"填充"→"位图图样填充"→"来自文件的新源"，在打开的对话框选择"初心 01"，调整"变换"属性值的"宽度"为"17mm"，"调和过渡"为"无缝：镜像调和"。设置"透明度"为"均匀透明度"，值为"50"，删除轮廓线。按 Ctrl+D 组合键复制一份，调整两个矩形分别对齐页面上下端。适当调整书脊及封底对象的位置，把封面的出版社信息移到后勒口处，在前勒口处使用"文字工具"添加作者信息。护封的完成效果如图 7-28 所示。

装帧设计

图 7-28 护封效果

一、填空题

1. CorelDRAW X8 提供两种绘制矩形的工具，分别是_____和_____。

2. 单击"椭圆形工具"，按住_____键不放拖动鼠标，可以绘制以鼠标单击点为中心的椭圆形；按住_____键不放拖动鼠标，可以绘制出一个圆形；按住_____键不放拖动鼠标，可以绘制出以鼠标单击点为中心的圆形。

3. 交互式填充工具组包含 6 种预设，分别是_____、_____、_____、_____、_____、_____。

4. 轮廓图效果是指对象的轮廓由内向外发射的层次效果，该轮廓化效果分别为_____、_____、_____三种方式。

5. 使用交互式变形工具可以为对象创建 4 种变形效果，分别为_____变形、_____变形、_____变形、_____变形。

6. 立体化工具的类型有_____种。

7. 位图底纹效果包括_____、_____、_____和_____、_____、_____6 种类型。

8. CorelDRAW X8 中，文本对象分为_____和段落文本。

9. 在"字符格式化"对话框中可以设置文本的 3 种下画线，分别是_____、单粗和_____。

二、上机实训

1．制作如图 7-29 所示的书籍封皮。

图 7-29　书籍封皮

2．根据前面所学的知识，上网查阅资料，设计一本设计感较强的书籍，包括封面、封底、书脊、护封、勒口、部分内页内容。

模块 **8**

包 装 设 计

案例12 国潮国风——月饼包装盒设计与制作

✅ 案例描述

　　本本案例设计了一款月饼包装盒，包装盒的设计中暗含中国人"花好月圆"的美好心愿，中国传统元素的合理运用，让月饼所表达的团圆喜庆气氛扑面而来，最终效果如图 8-1 所示。

图 8-1　月饼包装盒设计最终效果

🔊 案例解析

　　在本案例中，需要完成以下操作：

- 位图的相关设置。
- 交互式阴影工具、交互式填充工具的设置。
- 向量图样填充、位图图样填充设置。
- 钢笔工具、形状工具的应用。
- 条形码的制作。

（1）启动 CorelDRAW X8，选择菜单"文件"→"新建"命令，打开"创建新文档"对话框，新建空白文档"月饼包装盒"，设定纸张大小为"A4"，单击"确定"按钮，页面设置如图 8-2 所示。

（2）选择"矩形工具"，按住 Ctrl 键绘制一个正方形。选择"交互式填充工具"，为正方形填充"椭圆形渐变"，中心与边缘的颜色设置分别为"0,61,35,0""0,96,100,0"，效果如图 8-3 所示。

图 8-2　页面设置

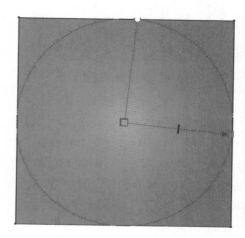

图 8-3　渐变填充矩形效果

（3）选择"文件"→"导入"命令，导入"素材 01"图片，打开"位图颜色遮罩"泊坞窗，选择"隐藏颜色"选项，使用"颜色选择工具"在位图的空白处单击，单击"应用"按钮，适当调整滑块，再单击"应用"按钮，直到可以完美去除白色背景色，操作效果如图 8-4 所示。

图 8-4　位图去背景

（4）选择绘制的正方形，按 Ctrl+D 组合键再制图形，打开"对象属性"泊坞窗，选择"填充"→"向量图样填充"→"来自工作区的新源"，框选导入的"素材 01"，然后在上面双击。调整"变换"属性值的"宽度""高度"值均为"40mm"。删除导入的"素材01"。填充效果如图 8-5 所示。在"对象属性"泊坞窗中，设置"透明度"为"均匀透明度"，值为"90"，"合并模式"为"饱和度"，效果如图 8-6 所示。

图 8-5　向量图样填充效果

图 8-6　饱和度合并模式效果

（5）选择"文件"→"导入"命令，导入"素材 02"图片。连续按两次 Ctrl+D 组合键，再制两份，纵向首尾相接排列，然后同时选择"素材 02"副本与正方形，进行"水平居中"对齐。同时选择 3 个"素材 02"副本，按 Ctrl+G 组合键组合，选择"阴影工具"，添加阴影效果。选择组合对象，选择"对象"→PowerClip→"置于图文框内部"命令，然后单击正方形，裁剪图像，最终效果如图 8-7 所示。

（6）使用"矩形工具"绘制一个略大于组合对象的矩形。设置"轮廓宽度"为"0.75mm"，"轮廓颜色"为"6,21,96,0"。选择矩形，选择"对象"→PowerClip→"置于图文框内部"命令，然后单击正方形，裁剪图像，最终效果如图 8-8 所示。

图 8-7　花纹装饰效果

图 8-8　矩形镶边效果

（7）选择"文件"→"导入"命令，导入"素材 05"图片，调整大小与角度，放置在矩形中心位置，设置"均匀透明度"为"30"。按 Ctrl+D 组合键再制图形"素材 05"，放置在正方形左上角，调整大小与角度，效果如图 8-9 所示。

（8）使用"文本工具"输入"但愿人长久 千里共婵娟"，设置"字体样式"为"汉仪篆书繁"，颜色为"18,0,87,0"，"均匀透明度"为"30"；输入"传统工艺 古韵秋香"，设置"字体样式"为"汉仪篆书繁"，颜色为"0,0,0,100"；输入"净重：500 克"，设置"字体样式"为"宋体"，颜色为"0,0,0,100"。调整文字大小，放置在合适的位置。导入"素材 08"图片，调整大小与角度，放置在矩形左下角位置，使用"阴影工具"添加阴影，效果如图 8-10 所示。

图 8-9　花朵装饰效果

图 8-10　添加文字效果

（9）选择"文件"→"导入"命令，导入"素材 04"图片，打开"位图颜色遮罩"泊坞窗，选择"隐藏颜色"选项，使用"颜色选择工具"在位图的灰色背景上单击，单击"应用"按钮，适当调整滑块，再单击"应用"按钮，直到可以完美去除灰色背景色。选择"位图"→"轮廓描摹"→"高质量图像"，设置参数如图 8-11 所示。为生成的图形填充颜色"18,0,87,0"，调整大小，放在矩形右下角，效果如图 8-12 所示。

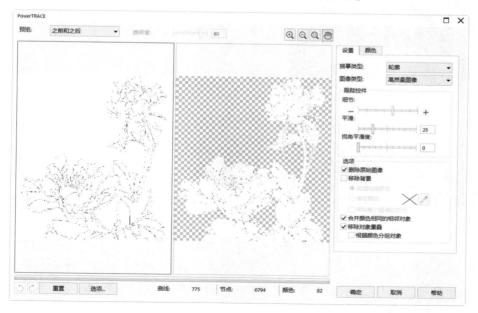

图 8-11　轮廓描摹参数设置

图 8-12　填色花装饰效果

（10）使用"椭圆形工具"按住 Ctrl 键绘制一个圆形，打开"对象属性"泊坞窗，选择"填充"→"位图图样填充"→"来自文件的新源"，在打开的对话框中选择"素材 07"。按 Ctrl+D 组合键再制圆形，按住 Shift 键适当缩小，然后打开"对象属性"泊坞窗，选择"填充"→"位图图样填充"→"来自文件的新源"，在打开的对话框中选择"素材 09"，调整"变换"属性值的"宽度""高度"值均为"15mm"。同时选择两个圆形，按 Ctrl+G 组合键组合图形，然后选择"位图"→"转换为位图"，接着选择"位图"→"创造性"→"虚光"，设置参数及效果如图 8-13 所示。

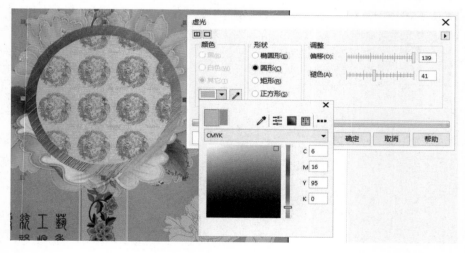

图 8-13　添加虚光效果

（11）选择"文件"→"导入"命令，导入"素材 03"图片，打开"位图颜色遮罩"泊坞窗，选择"隐藏颜色"选项，使用"颜色选择工具"在位图的灰色背景上单击，单击"应用"按钮，适当调整滑块，再单击"应用"按钮，直到可以完美去除灰色背景色。选择"位图"→"轮廓描摹"→"高质量图像"。为生成的图形填充颜色"0,0,0,0"，调整大小，重叠放在圆形之上，设置"合并模式"为"叠加"，选择"位图"→"转换为位图"，接着选择"位图"→"三维效果"→"浮雕"，设置参数及效果如图 8-14 所示。

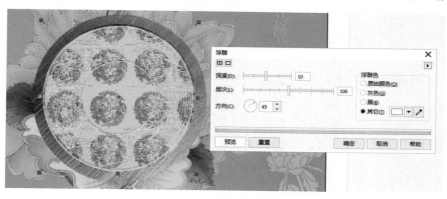

图 8-14　添加浮雕效果

（12）使用"文本工具"输入"福"字，设置"字体样式"为"汉仪粗篆繁"，颜色为"0,95,100,0"，使用"阴影工具"添加阴影，效果如图 8-15 所示。包装盒正面设计最终效果如图 8-16 所示。

图 8-15　福字效果

图 8-16　包装盒正面设计最终效果

（13）使用"矩形工具"紧贴已经完成设计部分的下方绘制如图 8-17 所示的矩形，选择"对象"→"转换为曲线"命令，然后使用"钢笔工具"添加节点，使用"形状工具"调整为如图 8-18 所示的五边形效果。

图 8-17　绘制矩形

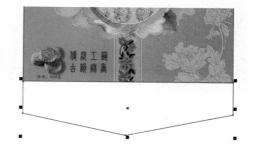

图 8-18　调整后的效果

（14）使用"交互式填充工具"为图形填充"线性渐变"，颜色设置为"0,96,100,0""0,61,35,0"。设置轮廓线"宽度"为"0.25mm"，"颜色"为"0,0,64,10"。选择"文件"→

"导入"命令，导入"素材06"图片，打开"位图颜色遮罩"泊坞窗，选择"隐藏颜色"选项，使用"颜色选择工具"在位图的灰色背景上单击，单击"应用"按钮，适当调整滑块，再单击"应用"按钮，直到可以完美去除灰色背景色。选择"位图"→"轮廓描摹"→"高质量图像"。为生成的图形填充颜色"18,0,87,0"，调整大小与位置，效果如图8-19所示。

（15）使用"矩形工具"紧贴已经完成设计部分的上方绘制矩形，使用"交互式填充工具"为图形进行"线性渐变"填充，节点颜色设置为"0,96,100,0""0,61,35,0"。设置轮廓线"宽度"为"0.25mm"，"颜色"为"0,0,64,10"。复制五边形中的"素材06"，粘贴到矩形中间，效果如图8-20所示。

图8-19　五边形效果

图8-20　矩形效果

（16）制作包装盒的背面。复制包装盒正面的正方形，粘贴到图形最上方，设置"轮廓宽度"为"0.25mm"，颜色为"18,0,87,0"。复制"素材06"，粘贴到正方形中间，调整到合适大小，效果如图8-21所示。选择正方形，选择"位图"→"转换为位图"，接着选择"位图"→"艺术笔触"→"印象派"，设置参数及效果如图8-22所示。

图8-21　包装盒背面图形

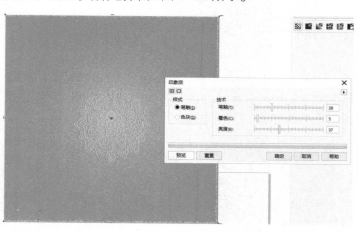

图8-22　添加印象派效果

（17）复制中间的矩形，连续在最上方粘贴两次。选择最上方的矩形，在属性栏中单击"同时编辑所有角"按钮，取消该按钮的锁定状态，然后将上面的两个转角半径都设置为"10mm"，效果如图8-23所示，此时的整体设计效果如图8-24所示。

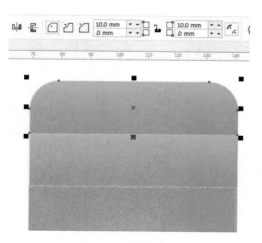

图 8-23　圆角效果

图 8-24　阶段设计效果（1）

（18）选择最上方的矩形与圆角矩形，按 Ctrl+G 组合键组合，按 Ctrl+D 组合键再制图形，然后旋转 90°，放置在正方形左侧。然后再次按 Ctrl+D 组合键再制图形，旋转 270°，放置在正方形右侧。效果如图 8-25 所示。使用"矩形工具"在图形左上角绘制一个矩形，如图 8-26 所示。

图 8-25　阶段设计效果（2）

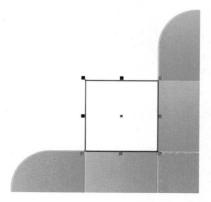

图 8-26　绘制矩形

单击"转换为曲线"按钮，然后用"形状工具"修改矩形为梯形，使用"交互式填充工具"进行线性渐变填充，节点颜色设置为"0,96,100,0""0,61,35,0"，设置"轮廓宽度"为"0.25mm"，颜色为"18,0,87,0"，效果如图 8-27 所示。把梯形再制 3 份，调整位置与角度，放在合适的位置，效果如图 8-28 所示。

（19）选择"文本工具"，输入"生产商"等信息，设置"文本字体"为"宋体"，"颜色"为"18,0,87,0"。调整文字角度，放在右侧矩形内。选择"对象"→"插入条码"命令，打开"条码向导"对话框。在对话框中输入"12345678900001"，单击"下一步"按钮，保留默认值依次单击"下一步""完成"按钮。调整条码大小与角度，放在下面，效果如图 8-29 所示。

图 8-27 修改矩形

图 8-28 阶段设计效果（3）

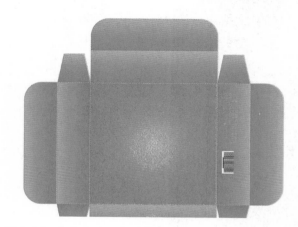

图 8-29 加入文字、条码效果

（20）绘制 AA 级绿色食品标志。用"矩形工具"绘制一个正方形，填充颜色为白色（0,0,0,0），用"椭圆形工具"在矩形中绘制两个同心圆。使用"钢笔工具"与"形状工具"进行绘制、修改，然后使用"智能填充工具"填充，填充颜色为"84,20,89,0"，效果如图8-30 所示。

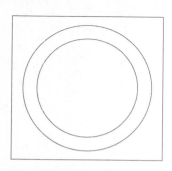 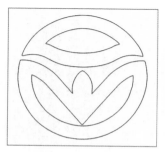 

图 8-30 绘制 AA 级绿色食品标志效果

（21）选择"椭圆形工具"，按住 Ctrl 键绘制一个圆形，设置"轮廓线"颜色与绿色标志相同，选择"文字工具"输入"R"，设置文字颜色与绿色标志相同，把"R"放在圆圈内。

重新建立文字对象，输入"绿色食品"，设置"字体"为"方正综艺简体"，设置颜色与绿色标志相同。选择"对象"→"转换为曲线"命令，然后使用"钢笔工具"和"形状工具"修改字形，效果如图 8-31 所示。

®绿色食品 → ®绿色食品

图 8-31　制作绿色食品标志和文字

　　把绿色食品标志和文字调整大小与方向，放在左边矩形中，效果如图 8-32 所示。月饼包装盒的设计完成效果如图 8-33 所示。

图 8-32　添加绿色食品标志和文字　　　　　　　图 8-33　包装盒设计完成效果

　　（22）制作立体效果图。新建页面，然后选择"矩形工具"绘制一个矩形，用"椭圆形渐变"填充，节点颜色为"16,100,99,0""4，47,25,0"。把包装盒的正面图形复制到矩形中间，如图 8-34 所示。选择复制的图形，选择"位图"→"转换为位图"命令，保留默认设置，单击"确定"按钮。选择"位图"→"三维效果"→"透视"命令，适当调整透视深度，效果如图 8-35 所示。

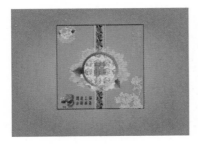

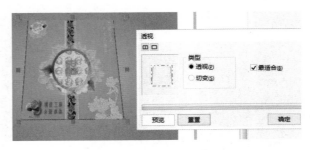

图 8-34　添加包装盒的正面图形　　　　　　　图 8-35　调整透视效果

单击"确定"按钮，然后适当缩小图形的高度。同样，将包装盒的前面矩形部分复制到新页面中转换为位图，添加透视效果，如图 8-36 所示。将包装盒的前面五边形部分复制到新页面中转换为位图，添加透视效果，如图 8-37 所示。

图 8-36　添加包装盒的前面矩形

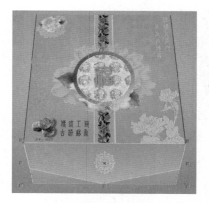

图 8-37　添加包装盒的前面五边形

（23）使用"交互式阴影工具"为五边形添加阴影，在属性栏设置"阴影不透明度"为"60"，设置"阴影羽化"为"10"，效果如图 8-38 所示。在五边形的上边沿绘制一个矩形，填充白色（0,0,0,0），删除轮廓线，设置透明度为"渐变透明度"，调整渐变角度为"90°"，效果如图 8-39 所示。

图 8-38　添加阴影效果

图 8-39　添加高光效果

（24）包装盒立体图的完成效果如图 8-40 所示。

图 8-40　包装盒立体效果

案例13 民生民情——制作产品销售网页效果图

✔ 案例描述

本例制作一个产品销售网页的效果图，整体设计简约明快，充满现代风，贴近人民生活，具体效果如图 8-41 所示。

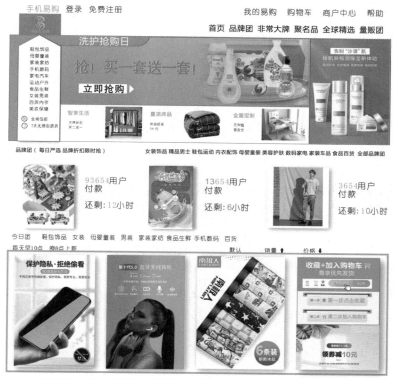

图 8-41 产品销售网页最终效果

🔊 案例解析

在本案例中，需要完成以下操作：

● 交互式阴影工具、形状工具的设置。
● 线性透明度属性的设置。
● 颜色填充工具、钢笔工具应用。
● 文字添加设置。
● 对齐、分布泊坞窗的使用。

（1）启动 CorelDRAW X8，选择菜单"文件"→"新建"命令，打开"创建新文档"对话框，新建空白文档"产品销售网页"，自定义纸张大小，单击"确定"按钮，页面设置如

图 8-42 所示。在水平标尺任意位置拖动鼠标左键,设置如图 8-43 所示的辅助线。

图 8-42 设置页面大小

图 8-43 设置辅助线

(2)选择"文本工具",输入"登录"等内容,设置"字体"为"幼圆","手机易购"的"颜色"为"13,93,100,0",其他文字的颜色为"0,0,0,100",如图 8-44 所示。

手机易购 登录 免费注册　　　　　　　　　　　　　我的易购 购物车 商户中心 帮助

图 8-44 设置文字效果

(3)选择"矩形工具"绘制矩形,填充颜色为"13,93,100,0"。选择"文本工具",输入"易"字,设置"字体"为"汉仪黛玉体简","颜色"为"11,10,93,0",接着输入 YIGOU.COM,设置"字体"为"Algerian","颜色"同"易"字,效果如图 8-45 所示。

绘制一个矩形,填充颜色为"0,100,84,0",效果如图 8-46 所示。

图 8-45 绘制 Logo

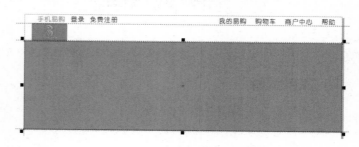

图 8-46 绘制矩形

(4)制作导航栏。选择"矩形工具"绘制矩形,单击"转换为曲线"按钮,然后用"形状工具"修改成五边形。选择"文本工具",输入"鞋包饰品"等内容,设置"字体"为"幼圆","颜色"为"0,0,0,100"。绘制两个圆形,在里面分别输入文字"免""7",设置"字体"为"幼圆","颜色"为"7,76,100,0",效果如图 8-47 所示。

(5)选择"矩形工具"绘制矩形,然后借助"形状工具"修改成如图 8-48 所示的图形，进行"线性渐变填充"，设置节点颜色为"64,5,11,0""47,0,18,0"。

图 8-47　绘制导航栏

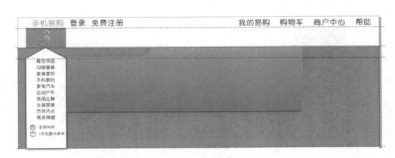
图 8-48　绘制矩形

导入"素材 01"，调整大小与位置，然后设置"线性渐变透明度"，效果如图 8-49所示。

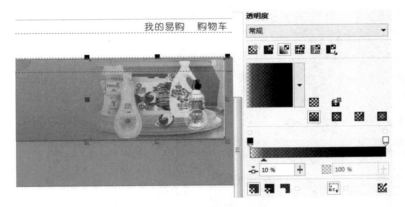
图 8-49　线性渐变透明度图片效果

使用"矩形工具"绘制一个矩形，用"多边形工具"绘制一个三角形，都填充白色（0,0,0,0）。使用"文本工具"输入文字，设置"字体"为"汉仪中黑简"。导入"素材 02"，调整大小与位置，效果如图 8-50 所示。

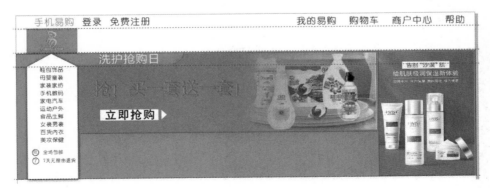
图 8-50　添加文字效果

（6）导入"素材03""素材04""素材05"，调整大小与位置。使用"文本工具"输入"首页"等文字，设置"字体"为"微软雅黑"，颜色为"0,0,0,100"，调整大小与位置，效果如图8-51所示。

图8-51　添加文字、图片效果

（7）使用"文字工具"，添加"品牌团"等内容，设置字体为"微软雅黑"，颜色为"0,0,0,100"。导入"素材06""素材07""素材08"，调整大小与位置，使用"交互式阴影工具"为每幅图添加阴影效果。使用"文本工具"输入"93654用户"等文字，设置"字体"为"幼圆"，汉字颜色为"0,0,0,100"，数字颜色为"0,95,100,0"，调整大小与位置，效果如图8-52所示。

图8-52　添加"品牌团"等文字、图片效果

（8）使用"文字工具"，添加"今日团"等内容，设置字体为"幼圆"，颜色为"0,0,0,100"。使用"箭头形状工具"绘制两个箭头，分别放置在"销量"与"价格"右侧。绘制一个矩形，设置"轮廓线宽度"为"1mm"，"轮廓线颜色"为"0,0,0,40"。导入"素材09""素材10""素材11""素材12"，调整大小与位置，使用"交互式阴影工具"为每幅图添加阴影效果，如图8-53所示。

（9）使用"文字工具"，添加"易购简介"等内容，设置字体为"宋体"，颜色为"0,0,0,100"，效果如图8-54所示。

（10）产品销售网页的整体设计效果如图8-41所示。

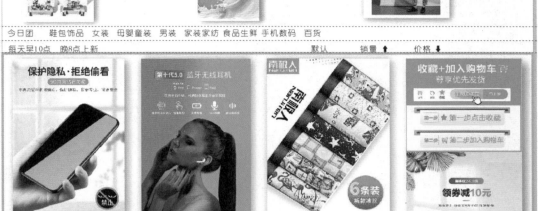

图 8-53　添加"今日团"等文字、图片效果

易购简介 | About Ego | 广告服务 | 联系我们 | 诚聘英才 | 网站律师 | Ego English | 注册 | 产品答疑
Copyright ©1996-2019 Ego Corporation, All Rights Reserved

图 8-54　添加版权信息

一、填空题

1．导入文件的快捷键是＿＿＿＿＿＿，导出文件的快捷键是＿＿＿＿＿＿。

2．页面设计的辅助工具有＿＿＿＿＿＿、＿＿＿＿＿＿和＿＿＿＿＿。

3．按住＿＿＿＿＿＿键不放，用鼠标拖动标尺，即可将水平或者垂直标尺移动到工作界面中的任意位置，按住＿＿＿＿＿＿键的同时双击标尺，可以让标尺回到默认状态。

4．在CorelDRAW X8 的"视图"菜单中提供了 6 种图形的显示模式,分别为＿＿＿＿＿、＿＿＿＿＿＿、＿＿＿＿＿＿、＿＿＿＿＿＿、＿＿＿＿＿＿、＿＿＿＿＿＿。

5．CorelDRAW X8 中的节点包括 3 种类型，分别是 ＿＿＿＿＿＿、＿＿＿＿＿＿和＿＿＿＿＿。

6．使用形状工具在曲线上 ＿＿＿＿＿＿操作可以增加节点，选中节点，选择＿＿＿＿＿操作可以删除节点。

7．艺术笔工具提供了 5 种艺术笔模式，分别是 ＿＿＿＿＿＿、＿＿＿＿＿＿、＿＿＿＿＿＿、＿＿＿＿＿＿、＿＿＿＿＿。

8．单击"形状工具"按住＿＿＿＿＿＿＿＿键不放，依次单击需要选择的节点，可选择多个节点，按下鼠标左键不放并拖动，也可以框选多个节点。

9．选中 CorelDRAW X8 中的图形，按住＿＿＿＿＿＿＿＿组合键可以将其转化成曲线。

二、上机实训

1．综合运用前边所学知识，制作如图 8-55 所示的化妆品包装盒。

图 8-55　化妆品包装盒

2．用"手绘工具""文字工具"等制作包装盒的标签，效果如图 8-56 所示。

图 8-56　包装盒标签